微信小程序开发与运营

主　编　李文奎

副主编　朱继宏　王　勇　杨文斌

北京理工大学出版社

BEIJING INSTITUTE OF TECHNOLOGY PRESS

内 容 简 介

　　本书根据微信小程序的最新内容，深入浅出地介绍了微信小程序开发需要掌握的相关知识及技能。在理论知识讲解方面，从初学者的角度，以通俗易懂的语言、实用的案例讲解了小程序概述、开发流程、CSS 样式、页面布局、页面组件及各类 API 的基本知识和使用技巧。在实例制作方面，本书注重实践与应用。此外，本书还结合微信小程序第三方工具软件——即速应用讲解了如何快速构建微信小程序。

　　本书可以作为计算机应用、计算机信息管理、计算机软件技术、移动开发技术、电子商务专业的移动开发类课程教材，也可以用于培训机构和企业内部培训。

图书在版编目（CIP）数据

微信小程序开发与运营/李文奎主编. —北京：北京理工大学出版社，2018.8
（2022.7重印）

ISBN 978 - 7 - 5682 - 4694 - 1

Ⅰ.①微… Ⅱ.①李… Ⅲ.①移动终端 - 应用程序 - 程序设计 - 高等职业教育 - 教材 Ⅳ.①TN929.53

中国版本图书馆 CIP 数据核字（2018）第 196143 号

出版发行／北京理工大学出版社有限责任公司
社　　址／北京市海淀区中关村南大街5号
邮　　编／100081
电　　话／（010）68914775（总编室）
　　　　　（010）82562903（教材售后服务热线）
　　　　　（010）68944723（其他图书服务热线）
网　　址／http：//www.bitpress.com.cn
经　　销／全国各地新华书店
印　　刷／涿州市新华印刷有限公司
开　　本／787 毫米×1092 毫米　1/16
印　　张／18.5　　　　　　　　　　　　　　　　责任编辑／梁铜华
字　　数／440 千字　　　　　　　　　　　　　　文案编辑／曾　仙
版　　次／2018 年 8 月第 1 版　2022 年 7 月第 5 次印刷　责任校对／周瑞红
定　　价／72.00 元　　　　　　　　　　　　　　责任印制／施胜娟

前　言

微信小程序自 2017 年 1 月 9 日正式上线以来，其开发团队不断推出新功能，现在已经有许多小程序项目实现了商业上的成功（如摩拜单车、蘑菇街女装精选等）。为了帮助计算机相关专业的学生掌握新知识、新技术、新技能，并且适应从"互联网 +"到" + 互联网"的变化，我们编写了这本适合初学者学习微信小程序的教材。

本书共分为 9 章，内容分别为：

第 1 章介绍了微信小程序的发展、特点及微信 Web 开发者工具。

第 2 章介绍了微信小程序的核心知识，包括微信小程序的运行原理、框架、文件类型及微信小程序的相关配置信息。

第 3 章介绍了页面布局，主要讲解了盒子模型、浮动、定位、flex 布局及 CSS 属性。

第 4 章介绍了微信小程序中的页面组件，包括视图容器、基础内容组件、表单组件、多媒体组件和其他组件。

第 5 章介绍了第三方工具——即速应用的特点、前端组件和后台管理。

第 6 章介绍了微信小程序 API，讲解了网络 API、多媒体 API、数据存储 API、位置 API、设备信息 API。

第 7 章通过案例介绍了微信小程序页面组件在项目中的应用。

第 8 章介绍了如何利用比目后端云进行小程序的后端开发。

第 9 章介绍了微信小程序的运营推广方式。

本书由李文奎担任主编，朱继宏、王勇、杨文斌担任副主编。朱继宏负责编写第 1 章和第 9 章，王勇负责编写第 2~5 章，杨文斌负责编写第 6 章，李文奎负责编写第 7 章和第 8 章。姜娜娜、贾旺旺参与了本书部分章节的编写工作，并提出了宝贵意见，在此向他们表示衷心感谢。

在本书的编写过程中，我们倾注了大量心血，但难免会有疏漏与不妥之处，恳请广大读者及专家批评指正，不吝赐教。在使用本书的过程中，如果需要实例涉及的相关素材与效果文件，可发电子邮件至 345066179@ qq. com 获取。

编　者

目　　录

第 1 章

微信小程序概述

学习目标

- ➤ 了解微信小程序的特点
- ➤ 了解微信小程序的应用领域
- ➤ 掌握微信小程序开发者工具的安装及使用
- ➤ 掌握微信小程序的开发流程
- ➤ 熟练使用微信小程序开发者工具

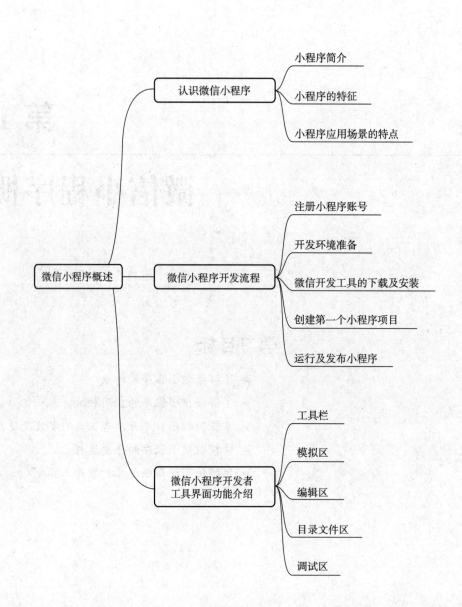

认识微信小程序
　小程序简介
　小程序的特征
　小程序应用场景的特点

微信小程序概述

微信小程序开发流程
　注册小程序账号
　开发环境准备
　微信开发工具的下载及安装
　创建第一个小程序项目
　运行及发布小程序

微信小程序开发者
工具界面功能介绍
　工具栏
　模拟区
　编辑区
　目录文件区
　调试区

1.1 认识微信小程序

1.1.1 小程序简介

微信（WeChat）是腾讯公司于2011年1月21日推出的一款为智能终端提供即时通信（Instant Messaging，IM）服务的应用程序。

微信之父张小龙曾经解释：小程序是一种不需要下载安装即可使用的应用，它实现了应用"触手可及"的梦想，用户扫一扫（二维码）或者搜一下（关键词）即可打开应用。微信小程序体现了"用完即走"的理念，用户不用关心是否安装太多应用的问题。有了微信小程序，应用将无处不在，随时可用，且无须安装与卸载。

小程序、订阅号、服务号、企业微信（企业号）属于微信公众平台的四大生态体系，它们面向不同的用户群体，应用于不同的方向和用途。小程序是微信的一种新的开发能力，具有出色的用户使用体验，可以在微信内被便捷地获取和传播；订阅号为媒体和个人提供一种新的信息传播方式，构建信息发布者与浏览者之间更好的沟通与管理模式；服务号为企业和组织提供更强大的服务与用户管理能力，帮助企业快速实现全新的公众号服务平台；企业微信（公众号）为企业提供专业的通信工具、丰富的办公应用与应用程序接口（Application Programming Interface，API），助力企业高效沟通与办公。

1.1.2 小程序的特征

小程序嵌入微信之中，不需要下载安装外部应用，用户通过扫描二维码和搜索相关功能的关键词即可使用，具备无须安装、触手可及、用完即走、无须卸载的特性。小程序可以被理解为"镶嵌在微信的超级App"。

1. 无须安装

小程序内嵌于微信程序之中，用户在使用过程中无须在应用商店下载安装外部应用。

2. 触手可及

用户通过扫描二维码等形式直接进入小程序，实现线下场景与线上应用的即时联通。

3. 用完即走

用户在线下场景中，当有相关需求时，可以直接接入小程序，使用服务功能后便可以对其不理会，实现用完即走。

4. 无须卸载

用户在访问小程序后可以直接关闭小程序，无须卸载。

1.1.3 小程序应用场景的特点

张小龙先生希望微信小程序对用户来说，应该是"无处不在、触手可及、随时可用、用完即走"的一种"小应用"，重点在"小"，主要体现在以下两个方面。

1. 简单的业务逻辑

简单是指应用本身的业务逻辑并不复杂。例如，出行类应用"ofo 小黄车"（图 1 – 1），用户通过扫描二维码就可以实现租车，该应用的业务逻辑非常简单，服务时间很短暂，"扫完即走"。此外，各类 O2O（Online To Offline，线上到线下）API，如家政服务、订餐类应用、天气预报类应用，都符合"简单"这个特性。不过，对于业务复杂的应用，无论从功能实现上还是从用户体验上，小程序都不如原生 App（Application 的简写，应用）。

2. 低频度的使用场景

低频度是小程序使用场景的另一个特点。例如，提供在线购买电影票服务的小程序应用"猫眼"（图 1 – 2），用户对该小程序的使用频度不是很高，就没有必要在手机中安装一个单独功能的 App。

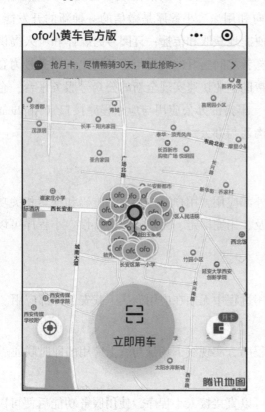

图 1 – 1　"ofo 小黄车"小程序截图　　　　图 1 – 2　"猫眼"小程序截图

如果某种应用的使用频度很高（如社交类的 QQ，社区类的百度贴吧、知乎，金融类的支付宝，等等），则以原生 App 的方式提供给用户服务会效果更好。

根据目前的统计，小程序主要以商务服务、电子商务和餐饮行业居多，小程序还覆盖了媒体、工具、教育、房地产、旅游、娱乐等行业领域，图 1 – 3 所示为“京东购物”小程序界面。

根据我国首家提供小程序价值评估的第三方机构——阿拉丁指数统计，截至 2017 年 10 月 30 日，排名前 10 位的小程序关注指数如图 1 – 4 所示。

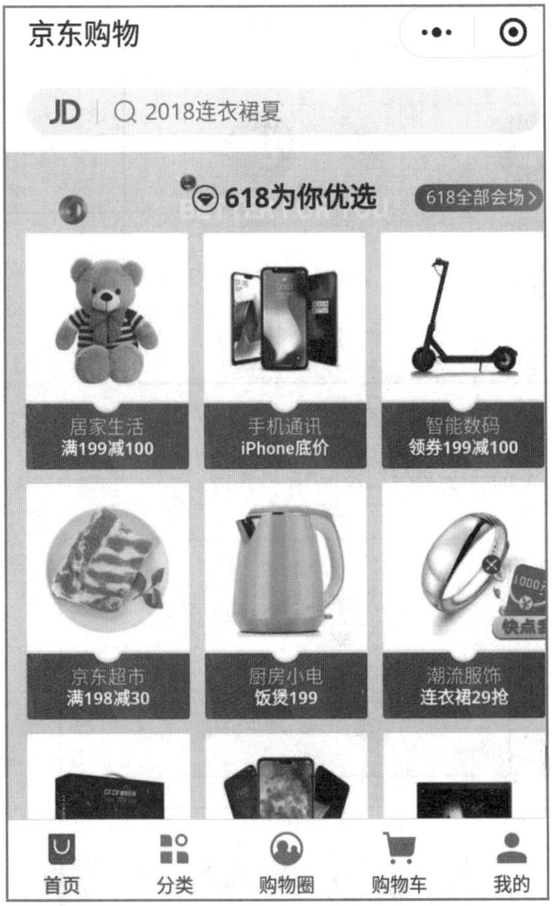

图 1 – 3　“京东购物”小程序界面

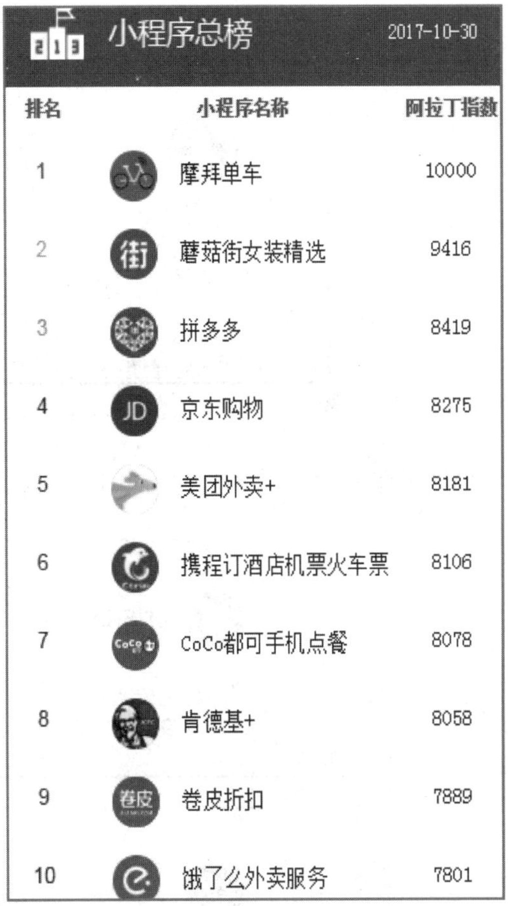
小程序总榜　2017-10-30

排名	小程序名称	阿拉丁指数
1	摩拜单车	10000
2	蘑菇街女装精选	9416
3	拼多多	8419
4	京东购物	8275
5	美团外卖+	8181
6	携程订酒店机票火车票	8106
7	CoCo都可手机点餐	8078
8	肯德基+	8058
9	卷皮折扣	7889
10	饿了么外卖服务	7801

图 1 – 4　“阿拉丁”网站排行榜

微信小程序的应用市场是随着用户需求的变化而改变的，随着微信小程序的不断升级，将来会有越来越多的小程序出现，我们的生活将会变得更加方便、快捷和多彩。

1.2　微信小程序开发流程

微信小程序开发流程为：第 1 步，在微信公众平台上注册小程序账号；第 2 步，下载开发者工具进行编码；第 3 步，通过开发者工具提交代码，待通过审核后便可以发布。

1.2.1 注册小程序账号

注册小程序账号需要以下 5 步：

（1）在微信公众平台官网首页（mp. weixin. qq. com）单击位于右上角的"立即注册"按钮，如图 1-5 所示。

图 1-5 微信公众平台官网首页

（2）选择账号的类型，单击"小程序"选项，如图 1-6 所示。

图 1-6 选择账号类型

（3）进入账号信息页面（图 1-7），填写邮箱地址（该邮箱未注册过公共平台、开放平台、企业号，未绑定个人微信），这个邮箱地址将作为以后登录小程序后台的账号。

（4）填写个人账号信息后，邮箱中会收到一封激活邮件，单击该邮件中的激活链接，进入主体信息页面进行"主体类型"选择（图 1-8），在此选择"个人"选项。

小程序注册

① 账号信息 —— ② 邮箱激活 —— ③ 信息登记

每个邮箱仅能申请一个小程序

邮箱

作为登录账号，请填写未被微信公众平台注册，未被微信开放平台注册，未被个人微信号绑定的邮箱

密码

字母、数字或者英文符号，最短8位，区分大小写

确认密码

请再次输入密码

验证码　　　　　　　　　　　　　　换一张

你已阅读并同意《微信公众平台服务协议》及《微信小程序平台服务条款》

注册

图1-7　填写账号信息

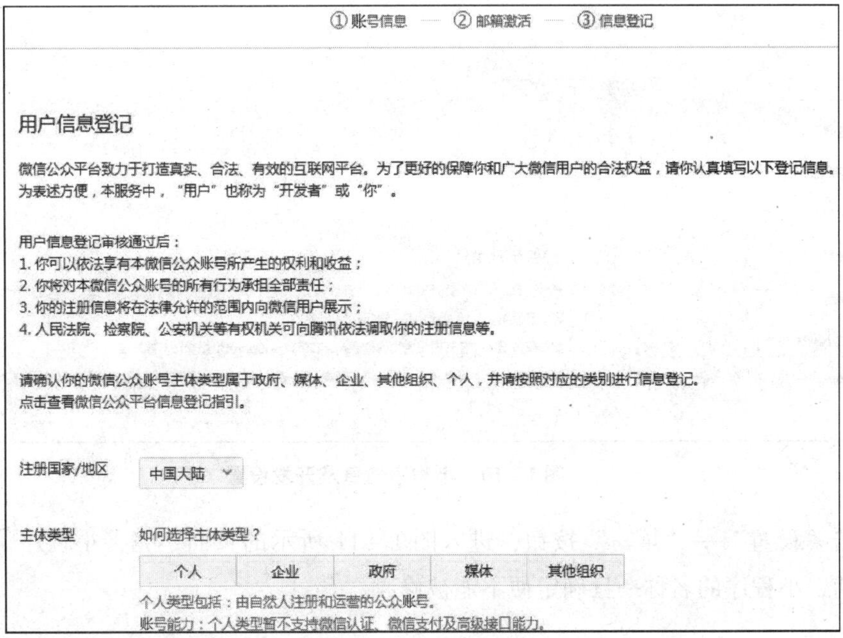

① 账号信息 —— ② 邮箱激活 —— ③ 信息登记

用户信息登记

微信公众平台致力于打造真实、合法、有效的互联网平台。为了更好的保障你和广大微信用户的合法权益，请你认真填写以下登记信息。为表述方便，本服务中，"用户"也称为"开发者"或"你"。

用户信息登记审核通过后：
1. 你可以依法享有本微信公众账号所产生的权利和收益；
2. 你将对本微信公众账号的所有行为承担全部责任；
3. 你的注册信息将在法律允许的范围内向微信用户展示；
4. 人民法院、检察院、公安机关等有权机关可向腾讯依法调取你的注册信息等。

请确认你的微信公众账号主体类型属于政府、媒体、企业、其他组织、个人，并请按照对应的类别进行信息登记。
点击查看微信公众平台信息登记指引。

注册国家/地区　　中国大陆 ∨

主体类型　　　如何选择主体类型？

| 个人 | 企业 | 政府 | 媒体 | 其他组织 |

个人类型包括：由自然人注册和运营的公众账号。
账号能力：个人类型暂不支持微信认证、微信支付及高级接口能力。

图1-8　选择主体类型

（5）进入主体信息登记界面（图1-9），完善主体信息，即可完成注册流程。

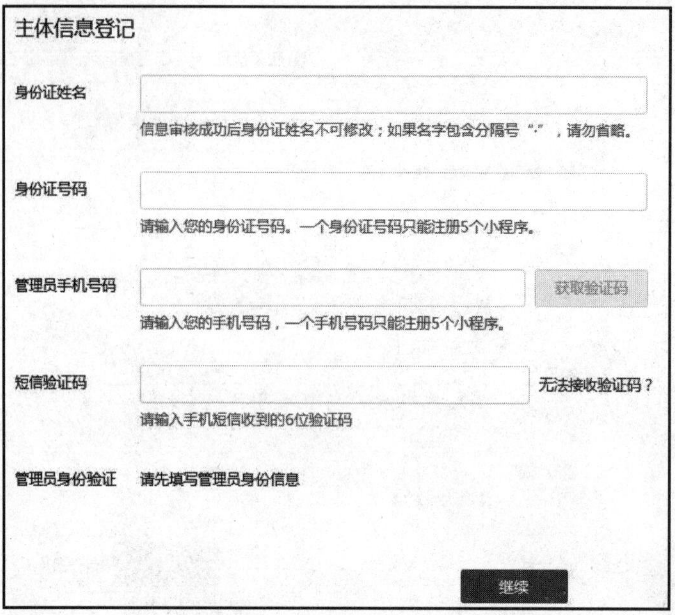

主体信息登记

身份证姓名

信息审核成功后身份证姓名不可修改；如果名字包含分隔号"·"，请勿省略。

身份证号码

请输入您的身份证号码。一个身份证号码只能注册5个小程序。

管理员手机号码 　　　　　　　　　　　　　　　　　获取验证码

请输入您的手机号码，一个手机号码只能注册5个小程序。

短信验证码 　　　　　　　　　　　　　　　无法接收验证码？

请输入手机短信收到的6位验证码

管理员身份验证 请先填写管理员身份信息

继续

图1-9　主体信息登记界面

1.2.2　开发环境准备

完成账户注册后，登录微信公众平台官网（mp. weixin. qq. com），如图1-10所示。

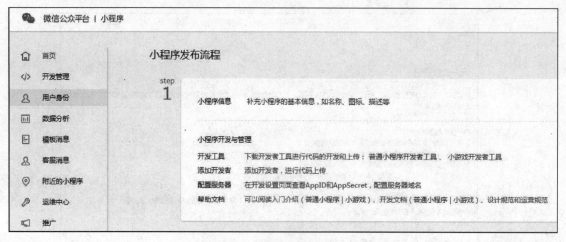

图1-10　小程序信息及开发设置

单击"设置"→"填写"按钮，进入图1-11所示的页面，完善小程序信息。需要注意，目前，小程序的名称一旦确定便不能被修改。

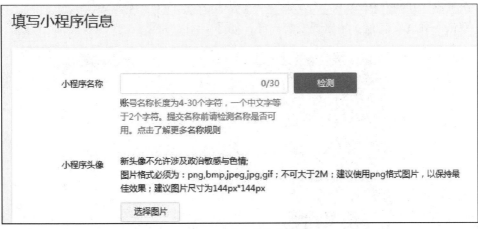

图1-11 完善小程序信息

单击"设置"→"开发设置"选项,获取AppID(小程序ID),如图1-12所示。只有填写了AppID的项目,开发者才能通过手机微信扫描二维码对其进行真机测试。

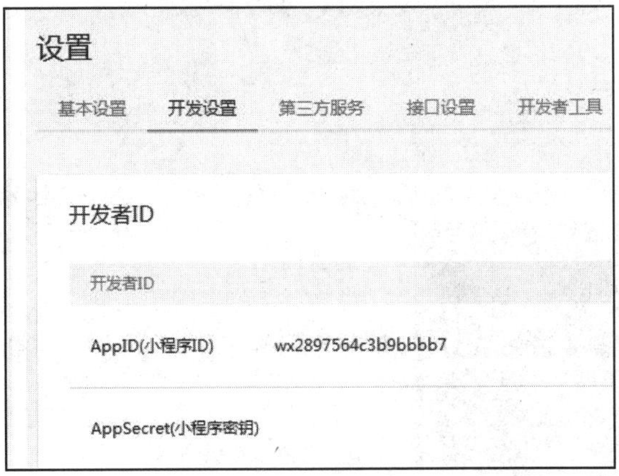

设置

基本设置　开发设置　第三方服务　接口设置　开发者工具

开发者ID

开发者ID

AppID(小程序ID)　　　wx2897564c3b9bbbb7

AppSecret(小程序密钥)

图1-12 获取小程序ID

1.2.3 微信开发工具的下载及安装

单击图1-12中的"开发者工具"选项,进入如图1-13所示的页面,官方提供了3个版本的开发工具安装包:Windows 64、Windows 32和Mac。

| 简易教程 | 框架 | 组件 | API | 工具 | 腾讯云支持 |

最新版本下载地址 (1.02.1806120)

Windows 64、Windows 32、Mac

图1-13 "开发者工具"的下载

本节以 Windows 64 位安装包为例，介绍微信开发工具的安装过程。

双击下载的安装包，将出现安装向导，如图 1 – 14 所示。

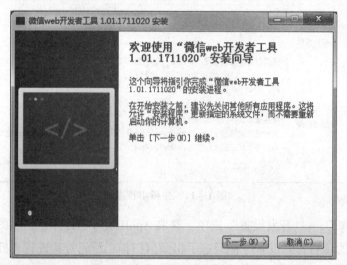

图 1 – 14　安装向导之一

单击图 1 – 14 所示界面中的"下一步"按钮，按照安装向导提示进行操作，直到安装完成，如图 1 – 15 所示。

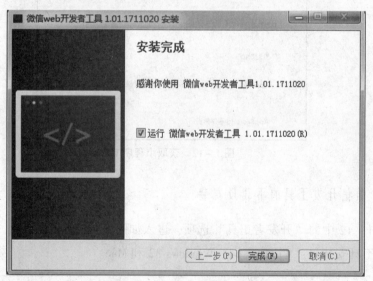

图 1 – 15　"安装完成"界面

1.2.4　创建第一个小程序项目

如果是第一次打开或者长时间未打开"微信 web 开发者工具"，双击快捷方式后，开发工具会弹出一个二维码，如图 1 – 16 所示。

图 1 – 16　登录微信开发者工具

使用开发者的微信扫描二维码验证进入后，出现如图 1 – 17 所示的界面。

图 1 – 17　选择项目类型

单击"小程序项目"选项，将出现如图 1 – 18 所示的对话框，填入"项目目录"

"AppID"和"项目名称"（若无 AppID，则单击"可点此体验"），并勾选"创建 QuickStart 项目"复选框。单击"确定"按钮后，将成功创建一个系统默认的示例项目，如图 1 – 19 所示。

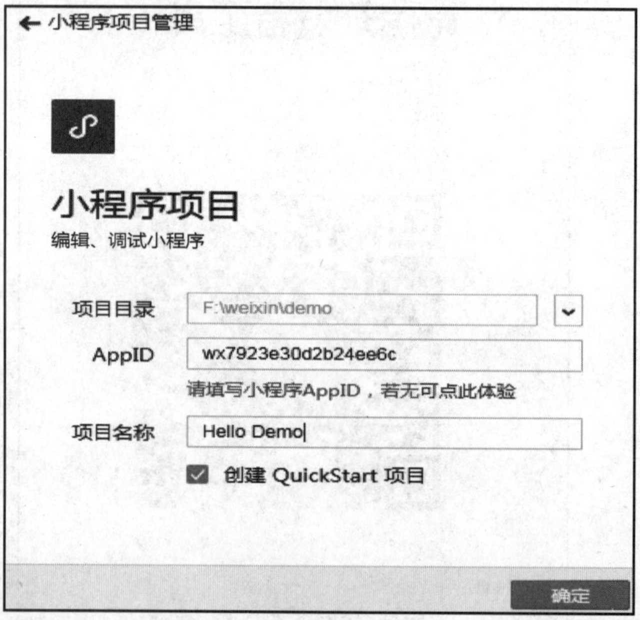

图 1 – 18　填写项目信息

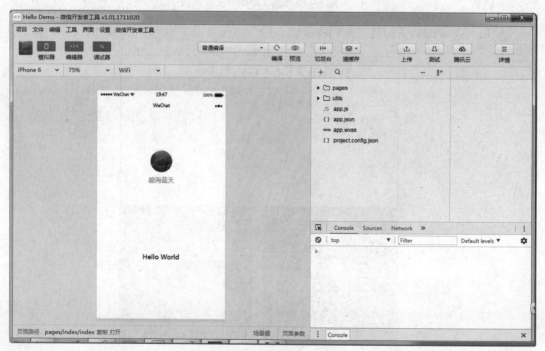

图 1 – 19　微信开发者工具

这个示例项目的首页展示了当前登录的用户信息，单击用户头像，跳转到一个记录当前小程序启动时间的日志页面。

1.2.5　运行及发布小程序

　　开发者可以单击工具栏中的"调试器"图标，在模拟器中运行小程序，查看小程序的运行效果。开发者也可以单击工具栏中的"预览"图标，扫描二维码后即可在微信客户端中体验，如图 1 - 20 所示。

图 1 - 20　手机扫描二维码后码预览

　　开发者还可以单击工具栏中的"上传"按钮，将小程序上传到微信公众平台，如图 1 - 21 所示。

图 1 - 21　上传小程序代码

　　开发者将小程序上传成功后，打开微信公众平台（mp. weixin. qq. com），单击"开发管理"选项，进入"开发管理"对话框，如图 1 - 22 所示。

　　此时，开发者会发现小程序已经上传至公众平台，单击"开发版本"的"提交审核"按钮。待通过审核后，该按钮会变为"审核版本"，"审核版本"提交审核并通过后，该按钮会变为"线上版本"。当成为"线上版本"后，开发者单击"发布"按钮即可在微信发现中搜索该小程序项目。

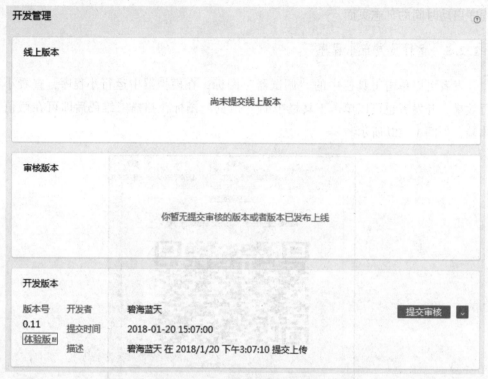

图 1 - 22 "开发管理"对话框

1.3 微信小程序开发者工具界面功能介绍

成功创建项目后,进入如图 1 - 23 所示的微信小程序开发者工具界面。

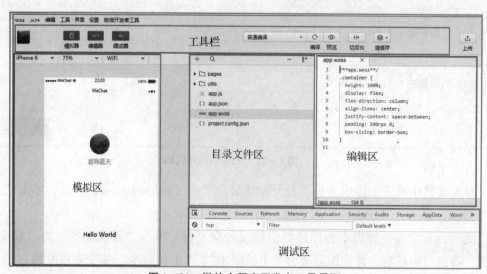

图 1 - 23 微信小程序开发者工具界面

如图 1 - 23 所示,我们把微信小程序开发者工具界面划分五大区域:工具栏、模拟区、目录文件区、编辑区和调试区。

1. 工具栏

在工具栏中可以实现多种功能，例如账号的切换，模拟区、编辑区、调试区的显示/隐藏，小程序的编译、预览，切换后台，清理缓存等。

2. 模拟区

在模拟区中选择模拟手机的类型、显示比例、网络类型后，模拟器中会显示小程序的运行效果。

3. 目录文件区

目录文件区用来显示当前项目的目录结构，单击左上角的"＋"按钮可以进行目录和文件的创建，右键单击目录文件区中的文件或目录可以进行"硬盘打开""重命名""删除"等相关操作。

4. 编辑区

编辑区用来实现对代码的编辑操作，编辑区中支持对 .wxml、.wxss、.js 及 .json 文件的操作，使用组合键能提高代码的编辑效率。常用的组合键如表 1 - 1 所示。

表 1 - 1 微信小程序开发工具常用组合键

组合键	功能	组合键	功能
Ctrl + S	保存文件	Ctrl + Home	移动到文件开头
Ctrl + ［, Ctrl + ］	代码行缩进	Ctrl + End	移动到文件结尾
Ctrl + shift + ［, Ctrl + Shift + ］	折叠打开代码块	Shift + Home	选择从行首到光标处
Ctrl + Shift + Enter	在当前行上方插入一行	Shift + End	选择从光标处到行尾
Ctrl + Shift + F	全局搜索	Ctrl + I	选中当前行
Shift + Alt + F	代码格式化	Ctrl + D	选中匹配
Alt + Up, Alt + Down	上下移动一行	Ctrl + Shift + L	选择所有匹配
Shift + Alt + Up（Down）	向上（下）复制一行	Ctrl + U	光标回退

5. 调试区

调试区的功能是帮助开发者进行代码调试及排查有问题的区域。小程序系统为开发者提供了 9 个调试功能模块，分别是 Console、Sources、Network、Security、Storage、AppData、Wxml、Sensor 和 Trace。最右边的扩展菜单项"："是定制与控制开发工具按钮，如图 1 - 24 所示。

图 1 - 24 调试区选项卡

1）Console 面板

Console 面板是调试小程序的控制面板，当代码执行出现错误时，错误信息将显示在 Console 面板中，便于开发者排查错误，如图 1 - 25 所示。另外，在小程序中，开发者可以通过 console. log 语句将信息输出到 Console 面板中。此外，开发者可以在 Console 面板直接输入代码并调试。

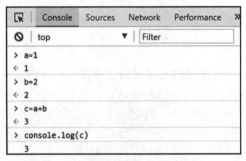

图 1 - 25 调试区 Console 面板

2）Sources 面板

Sources 面板是源文件调试信息页，用于显示当前项目的脚本文件，如图 1 - 26 所示。调试区左侧显示的是源文件的目录结构，中间显示的是选中文件的源代码，右侧显示的是调试相关按钮。

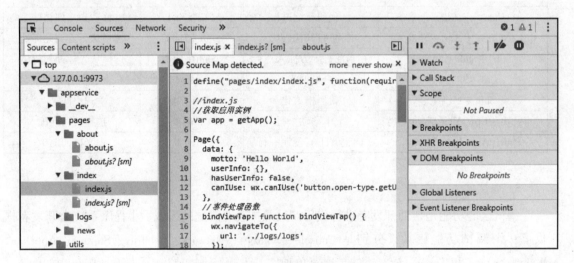

图 1 - 26 调试区 Sources 面板

Sources 面板中显示的代码是经过小程序框架编译过的脚本文件，开发者的代码会被包含在 define 函数中。对于 Page 代码，在文件尾部通过 require 函数主动调用。

3）Network 面板

Network 面板是网络调试信息页，用于观察和显示网络请求 request 和 socket 等网络相关的详细信息，如图 1 - 27 所示。

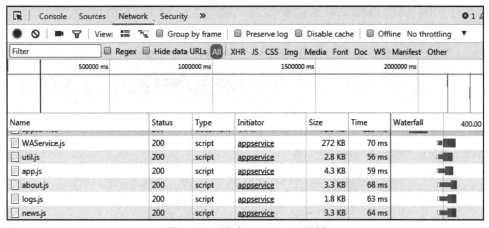

图 1 − 27　调试区 Network 面板

4）Security 面板

Security 面板是安全认证信息页，开发者可以通过该面板调试当前网页的安全和认证等问题。如果设置安全论证，则会显示" The security of this page is unknown."，如图 1 −28 所示。

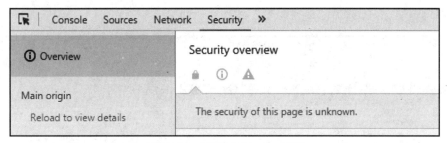

图 1 − 28　调试区 Security 面板

5）Storage 面板

Storage 面板是数据存储信息页，开发者可以使用 wx. setStorage 或者 wx. setStorageSync 将数据存储到本地存储，存储在本地存储中的变量及值可以在 Storage 面板中显示，如图 1 −29 所示。

Console	Sources	Network	Security	Storage	AppData	Wxml	Sensor	Trace

过滤...

Key	Value	Type
logs	+ Array (34): [1510189566789,15101...	Array
name	"lwk"	String
age	"45"	String
新建...		

图 1 − 29　调试区 Storage 面板

6）AppData 面板

AppData 面板是实时数据信息页，用于显示项目中被激活的所有页面的数据情况。开发

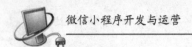
者在这里不仅可以查看数据的使用情况，还可以更改数据。编辑器会实时地将数据的变更情况反映到前端界面，如图1-30所示。

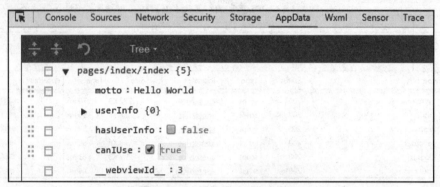

图1-30　调试区 AppData 面板

7）Wxml 面板

Wxml 面板是布局信息页，主要用于调试 Wxml 组件和相关 CSS 样式，显示 Wxml 转化后的界面。Wxml 面板调试区的左侧部分是 Wxml 代码，右侧部分是该选择器的 CSS 样式，如图1-31所示。

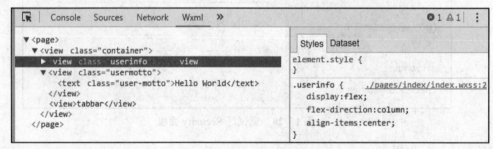

图1-31　调试区 Wxml 面板

8）Sensor 面板

Sensor 面板是重力传感器信息页，开发者可以在这里选择模拟地理位置来模拟移动设备表现，用于调试重力感应 API，如图1-32所示。

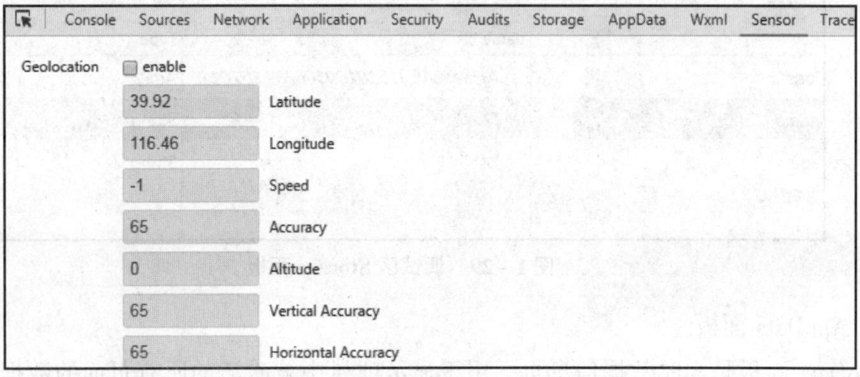

Geolocation	enable	
39.92	Latitude
116.46	Longitude
-1	Speed
65	Accuracy
0	Altitude
65	Vertical Accuracy
65	Horizontal Accuracy

图1-32　调试区 Sensor 面板

9）Trace 面板

Trace 面板是路由追踪信息页，开发者在这里可以追踪连接到电脑中的安卓（Android）设备的路由信息，如图 1-33 所示。

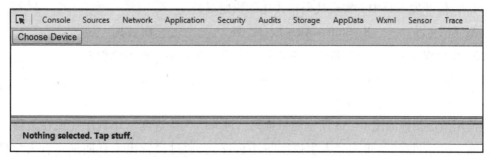

图 1-33　调试区 Trace 面板

10）扩展菜单项

最右边的扩展菜单项"："主要包括开发工具的一些定制与设置，开发者可以在这里设置相关信息，如图 1-34 所示。

图 1-34　调试区扩展菜单项

1.4　本章小结

本章首先介绍了微信小程序，讲解了微信小程序的特征及微信小程序应用场景的特点，然后重点讲解了微信小程序项目的开发流程，最后介绍了微信小程序开发工具的使用。通过对本章的学习，读者能够从概念上对小程序有一个基本认识，为学习后续章节打下良好的基础。

1.5　思考练习题

一、选择题

1. 微信小程序正式上线的时间是（　　）。

A. 2016 年 1 月　　B. 2016 年 9 月　　C. 2017 年 1 月　　D. 2017 年 4 月

2. 微信小程序的特征有（　　）。

A. 无须安装　　　B. 触手可及　　　C. 用完即走　　　D. 无须卸载

3. 微信小程序可以运行于（　　）系统环境。

A. Android　　　B. iOS　　　C. Windows　　　D. Symbian

4. 微信开发工具中，实现代码格式化的快捷键是（　　）。

A. Ctrl + /　　　B. Shift + Alt + F　　C. F8　　　D. F10

5. 在小程序调试运行过程中，可以设置断点、单步运行的调试面板是（　　）。

A. Console　　　B. Sources　　　C. Network　　　D. Storage

二、应用题

使用微信扫描如图 1-35 所示的二维码，进入"人生进度"小程序（或在微信"发现"中搜索"人生进度"，进入"人生进度"小程序），通过设置出生日期来查看人生进度表，体验小程序的使用，激励自我，珍惜每一天。

图 1-35　人生进度

三、操作题

在浏览器中输入网址"https://github.com/dunizb/wxapp - sCalc"，进入页面后下载小程序简易计算器源码 demo，将其解压后使用微信小程序开发工具打开该项目，分析小程序的页面结构及相关代码，对该小程序进行调试并运行。

第 2 章

微信小程序开发基础

学习目标

- ➤ 了解小程序的基本目录结构
- ➤ 了解小程序的开发框架
- ➤ 掌握小程序的文件类型
- ➤ 掌握小程序的相关配置信息

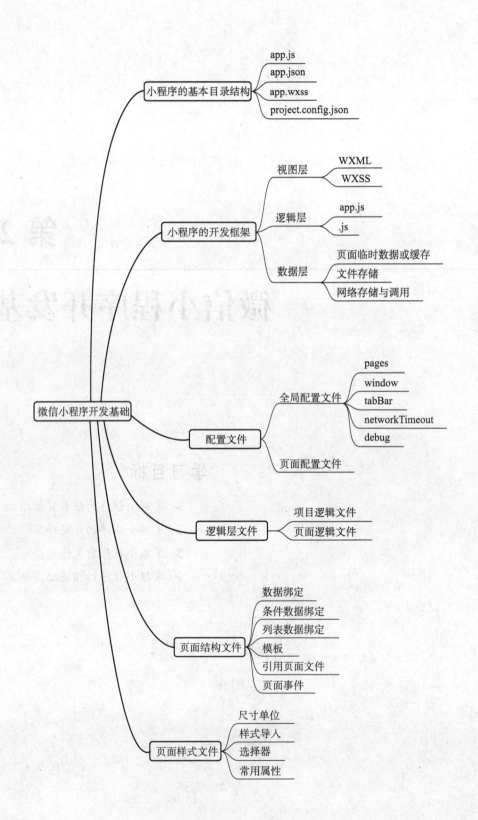

小程序的基本目录结构
- app.js
- app.json
- app.wxss
- project.config.json

小程序的开发框架
- 视图层
  - WXML
  - WXSS
- 逻辑层
  - app.js
  - .js
- 数据层
  - 页面临时数据或缓存
  - 文件存储
  - 网络存储与调用

微信小程序开发基础

配置文件
- 全局配置文件
  - pages
  - window
  - tabBar
  - networkTimeout
  - debug
- 页面配置文件

逻辑层文件
- 项目逻辑文件
- 页面逻辑文件

页面结构文件
- 数据绑定
- 条件数据绑定
- 列表数据绑定
- 模板
- 引用页面文件
- 页面事件

页面样式文件
- 尺寸单位
- 样式导入
- 选择器
- 常用属性

2.1　小程序的基本目录结构

我们以第1章新建的系统默认示例项目为参考，了解微信小程序项目的基本目录结构。如图2－1所示，在微信小程序的基本目录结构中，项目主目录下有2个子目录（pages和utils）和4个文件（app.js、app.json、app.wxss和project.config.json）。

在主目录中，3个以"app"开头的文件是微信小程序框架的主描述文件，是应用程序级别的文件。这3个文件不属于任何页面。

project.config.json文件是项目配置文件，包含项目名称、AppID等相关信息，如图2－2（a）所示。图2－2（b）是开发工具项目详情的可视文件，其目的和功能与project.config.json文件的目的和功能是一样的。

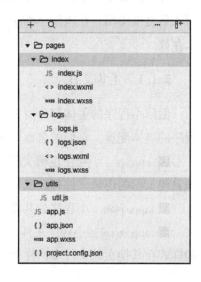

图2－1　小程序基本目录结构

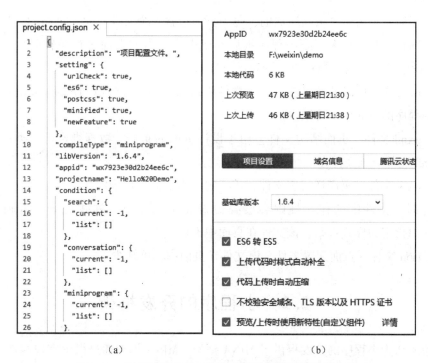

（a）　　　　　　　　　　　　　　（b）

图2－2　项目配置文件及开发工具项目详情的可视文件

（a）项目配置文件；（b）开发工具项目详细可视文件

pages目录中有2个子目录，分别是index和logs，每个子目录中保存着一个页面的相关文件。通常，一个页面包含4个不同扩展名（.wxml、.wxss、.js和.json）的文件，分别用于表示页面结构文件、页面样式文件、页面逻辑文件和页面配置文件。按照规定，同一个页面的 4 个文件必须具有相同的路径与文件名。

utils 目录用来存放一些公共的.js 文件，当某个页面需要用到 utils.js 函数时，可以将其引入后直接使用。在微信小程序中，可以为一些图片、音频等资源类文件单独创建子目录用来存放。

2.1.1　主体文件

微信小程序的主体部分由 3 个文件组成，这 3 个文件必须放在项目的主目录中，负责小程序的整体配置，它们的名称是固定的。

■ app.js　小程序逻辑文件，主要用来注册小程序全局实例。在编译时，app.js 文件会和其他页面的逻辑文件打包成一个 JavaScript 文件。该文件在项目中不可缺少。

■ app.json　小程序公共设置文件，配置小程序全局设置。该文件在项目中不可缺少。

■ app.wxss　小程序主样式表文件，类似 HTML 的.css 文件。在主样式表文件中设置的样式在其他页面文件中同样有效。该文件在项目中不是必需的。

2.1.2　页面文件

小程序通常是由多个页面组成的，每个页面包含 4 个文件，同一页面的这 4 个文件必须具有相同的路径与文件名。当小程序被启动或小程序内的页面进行跳转时，小程序会根据 app.json 设置的路径找到相对应的资源进行数据绑定。

■ .js 文件　页面逻辑文件，在该文件中编写 JavaScript 代码控制页面的逻辑。该文件在每个小程序的页面中不可缺少。

■ .wxml 文件　页面结构文件，用于设计页面的布局、数据绑定等，类似 HTML 页面中的.html 文件。该文件在页面中不可缺少。

■ .wxss 文件　页面样式表文件，用于定义本页面中用到的各类样式表。当页面中有样式表文件时，文件中的样式规则会层叠覆盖 app.wxss 中的样式规则；否则，直接使用 app.wxss 中指定的样式规则。该文件在页面中不可缺少。

■ .json 文件　页面配置文件。该文件在页面中不可缺少。

2.2　小程序的开发框架

微信团队为小程序的开发提供了 MINA 框架。MINA 框架通过微信客户端提供文件系统、网络通信、任务管理、数据安全等基础功能，对上层提供了一整套 JavaScript API，让开发者能够非常方便地使用微信客户端提供的各种基础功能快速构建应用。

小程序 MINA 框架示意如图 2 - 3 所示。

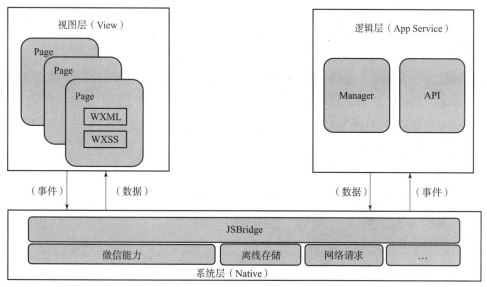

图 2-3 小程序 MINA 框架示意

小程序 MINA 框架将整个系统划分为视图层和逻辑层。视图层（View）由框架设计的标签语言 WXML（WeiXin Markup Language）和用于描述 WXML 组件样式的 WXSS（WeiXin Style Sheets）组成，它们的关系就像 HTML 和 CSS 的关系。逻辑层（App Service）是 MINA 框架的服务中心，由微信客户端启用异步线程单独加载运行。页面数据绑定所需的数据、页面交互处理逻辑都在逻辑层中实现。MINA 框架中的逻辑层使用 JavaScript 来编写交互逻辑、网络请求、数据处理，但不能使用 JavaScript 中的 DOM 操作。小程序中的各个页面可以通过逻辑层来实现数据管理、网络通信、应用生命周期管理和页面路由。

MINA 框架为页面组件提供了 bindtap、bindtouchstart 等与事件监听相关的属性，并与逻辑层中的事件处理函数绑定在一起，实现面向逻辑层与用户同步交互数据。MINA 框架还提供了很多方法将逻辑层中的数据与页面进行单向绑定，当逻辑层中的数据变更时，小程序会主动触发对应页面组件的重新数据绑定。

微信小程序不仅在底层架构的运行机制上做了大量的优化，还在重要功能（如 page 切换、tab 切换、多媒体、网络连接等）上使用接近于系统层（Native）的组件承载。所以，小程序 MINA 框架有着接近原生 App 的运行速度，对 Android 端和 iOS 端能呈现得高度一致，并为开发者准备了完备的开发和调试工具。

2.2.1 视图层

MINA 框架的视图层由 WXML 与 WXSS 编写，由组件来进行展示。对于微信小程序而言，视图层就是所有 .wxml 文件与 .wxss 文件的集合：.wxml 文件用于描述页面的结构；.wxss 文件用于描述页面的样式。

微信小程序在逻辑层将数据进行处理后发送给视图层展现出来，同时接收视图层的事件反馈。视图层以给定的样式展现数据并反馈时间给逻辑层，而数据展现是以组件来进行的。

组件是视图的基本组成单元。

2.2.2 逻辑层

逻辑层用于处理事务逻辑。对于微信小程序而言,逻辑层就是所有 .js 脚本文件的集合。微信小程序在逻辑层将数据进行处理后发送给视图层,同时接受视图层的事件反馈。

微信小程序开发框架的逻辑层是采用 JavaScript 编写的。在 JavaScript 的基础上,微信团队做了适当修改,以便提高开发小程序的效率。主要修改包括:

(1)增加 app( ) 和 Page( ) 方法,进行程序和页面的注册。

(2)提供丰富的 API,如扫一扫、支付等微信特有的能力。

(3)每个页面有独立的作用域,并提供模块化能力。

逻辑层就是通过各个页面的 .js 脚本文件来实现的。由于小程序并非运行在浏览器中,所以 JavaScript 在 Web 中的一些功能在小程序中无法使用,如 document、window 等。

开发者开发编写的所有代码最终会被打包成独立的 JavaScript 文件,并在小程序启动的时候运行,直到小程序被销毁。

小程序系统默认提供的 app. js 文件内容如图 2 - 4 所示。

```
app.js
1    //app.js
2    App({
3      /**
4       * 当小程序初始化完成时,会触发 onLaunch(全局只触发一次)
5       */
6      onLaunch: function () {
7      },
8      /**
9       * 当小程序启动,或从后台进入前台显示,会触发 onShow
10      */
11     onShow: function (options) {

12
13     },
14     /**
15      * 当小程序从前台进入后台,会触发 onHide
16      */
17     onHide: function () {
18
19     },
20     /**
21      * 当小程序发生脚本错误,或者 api 调用失败时,会触发 onError 并带上错误信息
22      */
23     onError: function (msg) {
24
25     }
26   })
```

图 2 - 4 app. js 文件内容

2.2.3 数据层

数据层在逻辑上包括页面临时数据或缓存、文件存储(本地存储)和网络存储与调用。

1. 页面临时数据或缓存

在 Page（）中，使用 setData 函数将数据从逻辑层发送到视图层，同时改变对应的 this. data 的值。

setData（）函数的参数接收一个对象，以（key, value）的形式表示将 key 在 this. data 中对应的值改变成 value。

2. 文件存储（本地存储）

使用数据 API 接口，如下：

- wx. getStorage　获取本地数据缓存。
- wx. setStorage　设置本地数据缓存。
- wx. clearStorage　清理本地数据缓存。

3. 网络存储与调用

上传或下载文件 API 接口，如下：

- wx. request　发起网络请求。
- wx. uploadFile　上传文件。
- wx. downloadFile　下载文件。

调用 URL 的 API 接口，如下：

- wx. navigateTo　新窗口打开页面。
- wx. redirectTo　原窗口打开页面。

2.3　创建小程序页面

启动微信开发工具，创建新的项目 demo2，此处不勾选"创建 QuickStart 项目"复选项，如图2－5所示。

单击"确定"按钮后，可以看到开发工具中的"目录结构"界面只显示项目配置文件（project. config. json），同时系统提示错误信息，如图2－6所示。

将在 2.1.1 小节中提到的 3 个主体文件（app. js、app. json 和 app. wxss）在项目的主目录下建立，小程序依然提示错误信息。

2.3.1　创建第一个页面文件

继续在项目主目录下新建一个 pages 目录，

图 2－5　创建 demo2 项目

在 pages 目录下新建一个 index 目录，并在 index 目录下新建 index. js、index. json、index. wxml 和 index. wxss 空文件。新建 index 页面后的项目目录结构如图 2 - 7 所示。

图 2 - 6　系统对空项目提示错误

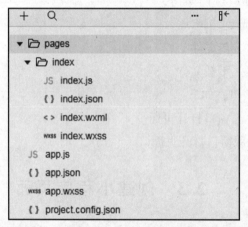

图 2 - 7　新建 index 页面后的项目目录结构

此时，系统仍然提示错误信息。假设，我们的目的是页面能显示"欢迎学习小程序，实现大梦想"。首先，打开 index. wxml 文件，输入"欢迎学习小程序，实现大梦想"。然后，告诉系统这个文件的名称及所处路径。因此，打开项目配置文件 app. json，输入如下代码：

```
//app.json
{
"pages":[
"pages/index/index"
    ]
}
```

这段代码将 index 页面注册到小程序中，这个对象的第一属性 pages 接受了一个数组，该数组的每一项是一个字符串，该字符串由"路径"＋"文件名"组成，不包含扩展名。

pages 属性用来指定这个项目由哪些页面组成，多个页面之间用","分隔。

接下来，打开 index. json 文件，输入如下代码：

```
//index.json
{
}
```

在 index. json 文件中，只需加入一对空 " {} " 即可。

打开 index. js 文件，输入如下代码：

```
//index.js
Page({
})
```

只需引入 Page( ) 方法，保证 index. js 文件不为空即可。

将这 4 个文件保存后进行编译，在模拟器中即可得到所需的结果。各文件的代码内容如表 2 – 1 所示。

表 2 – 1　项目中各文件的代码内容

文件名	代码内容
app. js	空
app. json	{"pages":["pages/index/index"]}
app. wxss	空
index. js	page({ })
index. json	{}
index. wxml	欢迎学习小程序，实现大梦想
index. wxss	空

2.3.2　创建另一个页面文件

在 2.3.1 小节中，我们采用逐步创建目录及 4 个文件的方式成功创建了一个页面文件。在本节中，我们采用另一种方式来创建另一个页面文件 news。

打开 app. json 文件，输入以下代码：

```
//app.json
{
"pages":[
"pages/news/news",
```

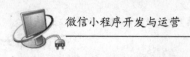

```
"pages/index/index"
    ]
}
```

将文件保存后，我们发现系统在目录结构中自动添加了相应的目录和文件，系统还自动补全了每个页面文件中必需的基本代码，而且没有出现错误提示，如图 2 - 8 所示。

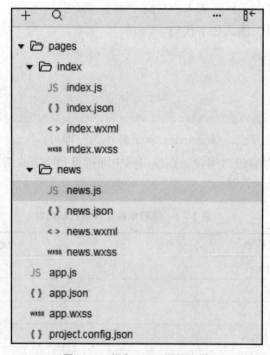

图 2 - 8　添加 news 页面文件

2.4　配置文件

小程序的配置文件按其作用范围可以分为全局配置文件（app. json）和页面配置文件（ * . json）。全局配置文件作用于整个小程序，页面配置文件只作用于当前页面。由于页面配置文件的优先级高于全局配置文件的优先级，因此，当全局配置文件与页面配置文件有相同配置项时，页面配置文件会覆盖全局配置文件中的相同配置项内容。

2.4.1　全局配置文件

小程序的全局配置保存在全局配置文件（app. json）中，使用全局配置文件来配置页面文件（pages）的路径、设置窗口（window）表现、设定网络请求 API 的超时时间值（networkTimeout）以及配置多个切换页（tabBar）等。表 2 - 2 列出了各全局配置项的相关描述。

表2-2　全局配置项

配置项	类型	是否必填	描述
pages	Array	是	设置页面路径
window	Object	否	设置默认页面的窗口表现
tabBar	Object	否	设置底部 tab 的表现
networkTimeout	Object	否	设置网络请求 API 的超时时间值
debug	Boolean	否	设置是否开启 debug 模式

全局配置文件内容的整体结构如下：

```
{
//设置页面路径
"pages":[ ],
//设置默认页面的窗口表现
"window":{ },
//设置底部 tab 的表现
"tabBar":{ },
//设置网络请求 API 的超时时间值
"networkTimeout":{ },
//设置是否开启 debug 模式
"debug":false
}
```

1. pages 配置项

pages 配置项接受一个数组，用来指定小程序由哪些页面组成，数组的每一项都是字符串，代表对应页面的"路径" + "文件名"。pages 配置项是必填项。

设置 pages 配置项时，应注意以下 3 点：

（1）数组的第一项用于设定小程序的初始页面。

（2）在小程序中新增或减少页面时，都需要对数组进行修改。

（3）文件名不需要写文件扩展名。小程序框架会自动寻找路径及对 .js、.json、.wxml 和 .wxss 文件进行整合数据绑定。

例如，app.json 文件的配置如下：

```
{
"pages":[
        "pages/news/news",
        "pages/index/index"
```

```
    ]

}
```

2. window 配置项

window 配置项负责设置小程序状态栏、导航条、标题、窗口背景色等系统样式。window 配置项可以配置的对象参考表2－3。

表 2－3　window 配置项及其描述

对象	类型	默认值	描述
navigationBarBackgroundColor	HexColor	#000000	导航栏背景色，如#000
navigationBarTextStyle	String	white	导航栏标题颜色，仅支持 white/black
navigationBarTitleText	String	—	导航栏标题文字内容
BackgroundColor	HexColor	#ffffff	下拉刷新窗口的背景色
backgroundTextStyle	String	dark	下拉背景字体，仅支持 dark/light
enablePullDownRefresh	Boolean	false	是否开启下拉刷新

在 app. json 中设置如下 window 配置项：

```
"window": {
    "navigationBarBackgroundColor": "#fff",
    "navigationBarTextStyle": "black",
    "navigationBarTitleText": "小程序 window 功能演示",
    "backgroundColor": "#ccc",
    "backgroundTextStyle": "light"
}
```

3. tabBar 配置项

当需要在程序顶部或底部设置菜单栏时，可以通过配置 tabBar 配置项来实现。tabBar 配置项可以配置的属性如表2－4所示。

表 2－4　tabBar 配置项及其描述

对象	类型	是否必填	描述
color	HexColor	是	标签页上的文字默认颜色
selectedColor	HexColor	是	标签页上的文字被选中时呈现的颜色
backgroundColor	HexColor	是	标签页的背景色
borderStyle	String	否	标签条之上的框线颜色，仅支持 black/white，默认值为 black
list	Array	是	标签页列表，支持 2～5 个标签页

其中，list（列表）接受数组值，数组中的每一项也都是一个对象。对象的数据值说明如表 2 - 5 所示。

表 2 - 5   tabBar 中 list 选项

对象	类型	是否必需	描述
pagePath	String	是	页面路径，必须先在 pages 中定义
text	String	是	标签页上按钮的文字
iconPath	String	是	标签上图标的图片路径，图标的图片大小限制在 40 KB 以内
selectedIconPath	String	是	标签被选中时图标的图片路径，图标的图片大小限制在 40 KB 以内

在 app. json 文件中设置如下 tabBar 配置：

```
{
"tabBar": {
    "color": "#666666",
    "selectedColor": "#ff0000",
    "borderStyle": "black",
    "backgroundColor": "#ffffff",
    "list": [
            {
            "pagePath": "pages/index/index",
            "iconPath": "images/index1.png",
            "selectedIconPath": "images/index2.png",
            "text": "首页"
            },
            {
            "pagePath": "pages/news/news",
            "iconPath": "images/news1.png",
            "selectedIconPath": "images/news2.png",
            "text": "新闻"
            }
        ]
    }
}
```

配置后的页面效果如图2-9所示。

图2-9　tabBar 标签页

4. networkTimeout 配置项

小程序中各种网络请求 API 的超时时间值只能通过 networkTimeout 配置项进行统一设置，不能在 API 中单独设置。networkTimeout 可以配置的属性如表2-6所示。

表2-6　networkTimeout 配置项

对象	类型	是否必填	描述	默认值
request	Number	否	wx. reest 的超时时间（单位为毫秒（ms））	60 000
connectSocket	Number	否	wx. connectSocket 的超时时间（单位为毫秒（ms））	60 000
uploadFile	Number	否	wx. uploadFile 的超时时间（单位为毫秒（ms））	60 000
downloadFile	Number	否	wx. downloadFile 的超时时间（单位为毫秒（ms））	60 000

例如，为提高网络响应效率，开发者可以在 app. json 中使用下列超时设置：

```
{
"networkTimeout":{
  "request":20000,
  "connectSocket":20000,
  "uploadFile":20000,
  "downloadFile":20000
  }
}
```

5. debug 配置项

debug 配置项用于开启开发者工具的调试模式，默认为 false。开启后，页面的注册、路由、数据更新、事件触发等调试信息将以 info 的形式输出到 Console（控制台）面板上。

2.4.2 页面配置文件

页面配置文件（*.json）只能设置本页面的窗口表现，而且只能设置 window 配置项的内容。在配置页面配置文件后，页面中的 window 配置值将覆盖全局配置文件（app.json）中的配置值。

页面中的 window 配置只需书写配置项，不必书写 window，代码示例如下：

```
{
"navigationBarBackgroundColor": "#ffffff",
"navigationBarTextStyle": "black",
"navigationBarTitleText": "页面 window 配置演示",
"backgroundColor": "#eeeeee",
"backgroundTextStyle": "light"
}
```

2.5 逻辑层文件

小程序的逻辑层文件分为项目逻辑文件和页面逻辑文件。

2.5.1 项目逻辑文件

项目逻辑文件 app.js 中可以通过 App() 函数注册小程序生命周期函数、全局属性和全局方法，已注册的小程序实例可以在其他页面逻辑文件中通过 getApp() 获取。

App() 函数用于注册一个小程序，参数为 Object，用于指定小程序的生命周期函数、用户自定义属性和方法，其参数如表 2-7 所示。

表 2-7 项目逻辑文件配置项

参数	类型	描述
onLaunch	Function	当小程序初始化完成时，自动触发 onLaunch，且只触发一次
onShow	Function	当小程序启动（或从后台进入前台显示）时，自动触发 onShow
onHide	Function	当小程序从前台进入后台时，自动触发 onHide
其他	Any	开发者自定义的属性或方法，用 this 可以访问

当启动小程序时，首先会依次触发生命周期函数 onLanuch 和 onShow 方法，然后通过 app.json 的 pages 属性注册相应的页面，最后根据默认路径加载首页；当用户单击左上角的

"关闭"按钮或单击设备的 Home 键离开微信时，小程序没有被直接销毁，而是进入后台，这两种情况都会触发 onHide 方法；当用户再次进入微信或再次打开小程序时，小程序会从后台进入前台，这时会触发 onShow 方法。只有当小程序进入后台一段时间（或者系统资源占用过高）时，小程序才会被销毁。

我们在 Demo2 的 app. js 加入如图 2 - 10 所示的代码。

```
app.js                                              ●
1    App({
2      // 当小程序初始化完成时，会触发 onLaunch（全局只触发一次）
3      onLaunch: function () {
4        console.log("小程序初始化完成……")
5      },
6      // 当小程序启动（或从后台进入前台显示），时会触发 onShow
7      onShow: function (options) {
8        console.log("小程序显示");
9        console.log( this.data);
10       console.log(this.fun())
11     },
12     //当小程序从前台进入后台，会触发 onHide
13     onHide: function () {
14       console.log("小程序进入后台")
15     },
16     // 当小程序发生脚本错误，或者 API 调用失败时，会触发 onError 并带上错误信息
17     onError: function (msg) {
18     },
19     //自定义方法
20     fun: function () {
21       console.log("在app.js中定义的方法");
22     },
23     //自定义属性
24     data: '在app.js中定义的属性'
25   })
```

图 2 - 10   app. js 配置文件

保存并编译后，Console 面板的显示效果如图 2 - 11 所示。

小程序启动后首先触发 onLaunch 方法，然后触发 onShow 方法，在 onShow 方法中通过 this 参数获取自定义属性和自定义方法并显示。在其他逻辑文件中，开发者可以通过全局函数 getApp( ) 方法获取小程序实例，例如：

图 2 - 11   小程序启动显示效果

```
var app = getApp();
Console.log(app.data);
```

2.5.2　页面逻辑文件

页面逻辑文件的主要功能有：设置初始数据；定义当前页面的生命周期函数；定义事件

处理函数等。每个页面文件都有一个相应的逻辑文件，逻辑文件是运行在纯 JavaScript 引擎中。因此，在逻辑文件中不能使用浏览器提供的特有对象（document、window）及通过操作 DOM 改变页面，只能采用数据绑定和事件响应来实现。

在逻辑层，Page( ) 方法用来注册一个页面，并且每个页面有且仅有一个，其参数如表 2 – 8 所示。

表 2 – 8 页面逻辑文件配置项

参数	类型	描述
data	Object	页面的初始数据
onLoad	Function	页面的生命周期函数，用于监听页面加载
onReady	Function	页面的生命周期函数，用于监听页面初次数据绑定完成
onShow	Function	页面的生命周期函数，用于监听页面显示
onHide	Function	页面的生命周期函数，用于监听页面隐藏
onUnload	Function	页面的生命周期函数，用于监听页面卸载
onPullDownRefreash	Function	监听用户的下拉动作
onReachBottom	Function	页面上拉触底事件的处理函数
其他	Any	自定义函数或数据，用 this 可以访问

1. 设置初始数据

设置初始数据是对页面的第一次数据绑定。对象 data 将会以 JSON（Javascript Object Notation，JS 对象简谱）的形式由逻辑层传至视图层。因此，数据必须是可以转成 JSON 的格式（字符串、数字、布尔值、对象、数组）。

视图层可以通过 WXML 对数据进行绑定。

数据初始、数据绑定及运行效果如图 2 – 12 所示。

2. 定义当前页面的生命周期函数

在 Page( ) 函数的参数中，可以定义当前页面的生命周期函数。页面的生命周期函数主要有 onLoad、onShow、onReady、onHide、onUnload。

■ onLoad 页面加载函数。当页面加载完成后调用该函数。一个页面只会调用一次。该函数的参数可以获取 wx. navigateTo 和 wx. redirectTo 及 < navigator/ > 中的 query。

■ onShow 页面显示函数。当页面显示时调用该函数。每次打开页面都会调用一次。

■ onReady 页面数据绑定函数。当页面初次数据绑定完成时调用该函数。一个页面只会调用一次，代表页面已经准备就绪，可以和视图层进行交互。

■ onHide 页面隐藏函数。当页面隐藏时及当 navigateTo 或小程序底部进行 tab 切换时，调用该函数。

■ onUnload 页面卸载函数。当页面卸载、进行 navigateBack 或 redirectTo 操作时，调用该函数。

```
index.js          ●          index.wxml
1    Page({
2      // 页面的初始数据
3      data: {
4        name:'lwk', //字符串
5        age:30,        //数字
6        birthday: [{ year: 1988 }, { month: 11 }, { date: 18 }], //数组
7        object:{hobby:'computer'}    //对象
8      }
9    })
```

（a）

```
index.js      ●      index.wxml      ×
1    <view>姓名：{{name}}</view>
2    <view>年龄：{{age}}</view>
3    <view>出生日期：
4      {{birthday[0].year}}年
5      {{birthday[1].month}}月
6      {{birthday[2].date}}日
7    </view>
8    <view>爱好：{{object.hobby}}</view>
```

（b）

（c）

图 2 – 12　数据初始、数据绑定及运行效果

（a）数据初始；（b）数据绑定；（c）运行效果

例如，在 index. js 和 news. js 文件中加入如图 2 – 13 所示的代码。

```
index.js      ×      news.js      index.wxml
9    // 生命周期函数--监听页面加载
10   onLoad: function (options) {
11     console.log("index onLoad ……")
12   },
13   // 生周期函数--监听页面初次渲染完成
14   onReady: function () {
15     console.log("index onReady ……")
16   },
17   // 生命周期函数--监听页面显示
18   onShow: function () {
19     console.log("index onShow ……")
20   },
21   //* 生命周期函数--监听页面隐藏
22   onHide: function () {
23     console.log("index onHide ……")
24   },
25   // 生命周期函数--监听页面卸载
26   onUnload: function () {
27     console.log("index onUnload ……")
28   },
29   })
```

（a）

```
index.js      news.js      ●      index.wxml
1    // pages/news/news.js
2    Page({
3      // 生命周期函数--监听页面加载
4      onLoad: function (options) {
5        console.log("news onLoad ……")
6      },
7      // 生周期函数--监听页面初次渲染完成
8      onReady: function () {
9        console.log("news onReady ……")
10     },
11     // 生命周期函数--监听页面显示
12     onShow: function () {
13       console.log("news onShow ……")
14     },
15     //* 生命周期函数--监听页面隐藏
16     onHide: function () {
17       console.log("news onHide ……")
18     },
19     // 生命周期函数--监听页面卸载
20     onUnload: function () {
21       console.log("news onUnload ……")
22     },
23   })
```

（b）

图 2 – 13　index. js 和 news. js 文件代码

（a）index. js；（b）news. js

保存并编译后，Console 面板出现了如图 2 - 14 所示的效果。

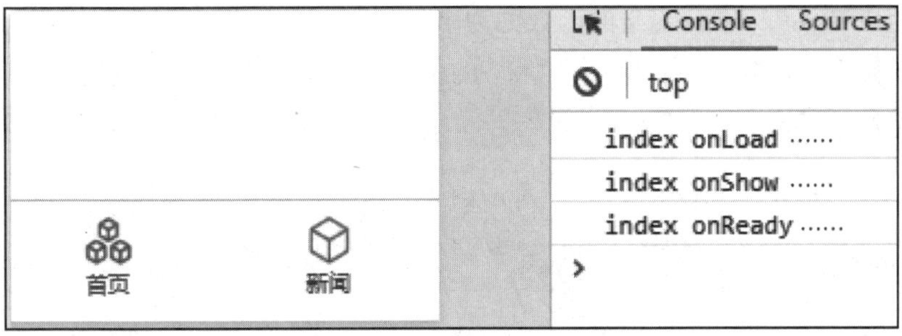

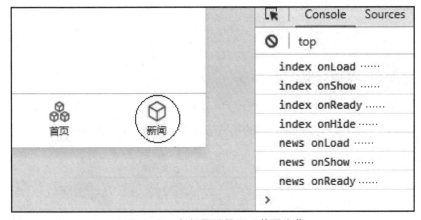

图 2 - 14　页面生命周期

单击"新闻"选项卡，Console 面板出现如图 2 - 15 所示的效果。

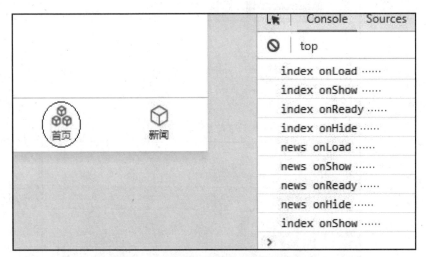

图 2 - 15　新闻页面显示，首页隐藏

再次单击"首页"选项卡，Console 面板出现如图 2 - 16 所示的效果。

图 2 - 16　新闻页面隐藏，首页再次显示

3. 定义事件处理函数

开发者在 Page( ) 中自定义的函数称为事件处理函数。视图层可以在组件中加入事件绑定，当达到触发事件时，小程序就会执行 Page( )中定义的事件处理函数。

示例代码如下：

```
//index.wxml
<view bindtap = "myclick" >单击执行逻辑层事件< ∕view >
//index.js
Page({
myclick:function(){
  console.log("点击了 view" >
}
});
```

4. 使用 setData 更新数据

小程序在 Page 对象中封装了一个名为 setData( ) 的函数，用来更新 data 中的数据。函数参数为 Object，以 "key:value" 对的形式表示将 this. data 中的 key 对应的值修改为 value。示例代码如图 2-17 所示。

```
setdata.js      ☒
1    Page({
2      data: {
3        name: 'lwk', //字符串
4        birthday: [{ year: 1988 }, { month: 11 }, { date: 18 }], //数组
5        object: { hobby: 'computer' }    //对象
6      },
7      chtext:function(){
8        this.setData({
9          name:'lzh'
10       });
11     },
12     charray:function(){
13       this.setData({
14         'birthday[0].year':2005
15       });
16     },
17     chobject:function(){
18       this.setData({
19         'object.hobby':'music'
20       })
21     },
22     adddata:function(){
23       this.setData({
24         'address':'shanxi'
25       })
26     }
27   })
```

(a)

图 2-17 setData. js 和 setData. wxml 文件代码

(a) setData. js 文件代码

```
setdata.wxml  ×
1  <view >{{name}}</view>
2  <button bindtap="chtext">修改普通数据</button>
3  <view >{{birthday[0].year}}</view>
4  <button bindtap="charray">修改数组数据</button>
5  <view >{{object.hobby}}</view>
6  <button bindtap="chobject">修改对象数据</button>
7  <view >{{address}}</view>
8  <button bindtap="adddata">添加数据</button>
```

（b）

图 2-17　setData. js 和 setData. wxml 文件代码（续）

（b）setData. wxml 文件代码

保存并编译，代码修改前后的运行效果如图 2-18 所示。

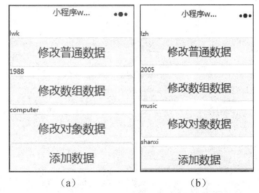

（a）　　　　　（b）

图 2-18　使用 setData 修改数据的运行效果

（a）修改前；（b）修改后

2.6　页面结构文件

页面结构文件（WXML）是框架设计的一套类似 HTML 的标签语言，结合基础组件、事件系统，可以构建出页面的结构，即 .wxml 文件。在小程序中，类似 HTML 的标签被称为组件，是页面结构文件的基本组成单元。这些组件有开始（如 < view > ）和结束（如 </view > ）标志，每个组件可以设置不同的属性（如 id、class 等），组件还可以嵌套。

WXML 还具有数据绑定、条件数据绑定、列表数据绑定、模板、引用页面文件、页面事件等能力。

2.6.1　数据绑定

小程序在进行页面数据绑定时，框架会将 WXML 文件与逻辑文件中的 data 进行动态绑定，在页面中显示 data 中的数据。小程序的数据绑定使用 Mustache 语法（ ｛｛ ｝｝ ）将变量或运算规则包起来。

1. 简单绑定

简单绑定是指使用双大括号({{}})将变量包起来，在页面中直接作为字符串输出使用。简单绑定可以作用于内容、组件属性、控制属性等的输出。

【注意】

简单绑定作用于组件属性、控制属性时，双大括号外应添加双引号。

示例代码如下：

```
//wxml
<!-- 作为内容 -->
<view>{{name}}</view>
<!-- 作为组件属性 -->
<imagesrc="{{img}}"></image>
<!-- 作为控制属性 -->
<view wx:if="{{sex}}">男</view>
//js
Page({
//页面的初始数据
data:{
    name:'/wk',
    img:'/images/news2.png',
    sex:true
},
})
```

2. 运算

在 {{}} 内可以做一些简单的运算（主要有算术运算、逻辑运算、三元运算、字符串运算等），这些运算均应符合 JavaScript 运算规则。

示例代码如下：

```
//wxml
<!-- 算术运算 --->
<view>{{num1}}+{{num2}}={{num1+num2}}</view>
<!--- 逻辑运算 -->
<view>{{num1+num2==num1+num2}}</view>
<!--- 三元运算 -->
<view>{{num1>num2?'num1>num2':'num1<num2'}}</view>
<!--- 字符串运算 -->
```

```
<view>||Hello + name|| </view>
<!--- 数据路径运算 -->
<view>||object.hobby|| </view>
<view>||birthday[0]|| </view>
//js
Page(|
//页面的初始数据
data: |
        name: 'lwk',
        num1:2,
        num2:3,
        num3:10,
        object:|hobby:'computer'|,
        birthday:[1988,11,18]
    |,
|)
```

保存并编译，执行效果如图 2 - 19 所示。

2.6.2 条件数据绑定

条件数据绑定就是根据绑定表达式的逻辑值来判断是否数据绑定当前组件。

1. wx:if 条件数据绑定

wx:if 条件数据绑定是指使用 wx:if 这个属性来判断是否数据绑定当前组件。例如：

小程序w...

2+3=5
true
num1<num2
Hello lwk
computer
1988

图 2 - 19　WXML 运算

```
<view wx:if = "||conditon||" >内容 </view>
```

在以上代码中，当 condition 变量的值为 true 时，view 组件将数据绑定输出相关内容；当 condition 变量的值为 false 时，view 组件将不数据绑定。

当需要添加多个分支块时，可以使用 wx:elif、wx:else 属性。当控制表达式为 true 时，数据绑定一个分支；当控制表达式为 false 时，数据绑定另一个分支。例如：

```
<view wx:if = "||x >0||" >1 </view>
<view wx:elif = "||x ==0||" >0 </view>
<view wx:else > -1 </view>
```

在以上代码中，当 x 的值大于 0 时，输出 1；当 x 的值等于 0 时，输出 0；否则，输出 -1。

2. block wx:if 条件数据绑定

当需要通过一个表达式去控制多个组件时，可以通过 <block >将多个组件包起来，然后

在 < block > 中添加 wx:if 属性即可。例如：

```
< block  wx:if = "{{true }}" >
< view >view1  < /view >
< view >view2 < /view >
< /block >
```

2.6.3　列表数据绑定

列表数据绑定用于将列表中的各项数据进行重复数据绑定。

1. wx:for

在组件上，可以使用 wx:for 控制属性绑定一个数组，将数据中的各项数据循环进行数据绑定到该组件，格式如下：

```
< view wx:for = "{{items}}" >
    {{index}}:{{item}}
< /view >
```

在上面的代码中，items 为一个数组，数组当前项的下标变量名默认为 index，数组当前项的变量名默认为 item，示例代码如下：

```
//js
Page({
  data: {
    student:[
        {name:'Tom',age:15,hobby:'game'},
        {name:'Helen',age:14,hobby:'music'},
        {name:'Bob',age:16,hobby:'basketball'}
      ]
  }
})


//wxml
< view  wx:for = "{{student}}" >
      < text > {{index}} -- {{item.name}} -- {{item.age}} --
{{item.hobby}} < /text >
  < /view >
```

保存并编译，运行效果如图 2 – 20 所示。

微信开发工具中提供了使用 wx∶for – index 来重新指定数据当前项下标的变量名，使用 wx∶for – item 来重新指定当前项的变量名。上面的 wxml 代码可以修改为以下形式，效果不变：

```
//wxml
<view wx:for = "{{student}}" wx:for - index = "id" wx:for - item = "stu">
    <text>{{id}} --{{stu.name}} -- {{stu.age}} -- {{stu.hobby}}</text>
</view>
```

图 2 – 20 wx∶for 控制属性列表数据绑定

2. block wx∶for

与 block wx∶if 类似，在 wxml 中也可以使用 < block > 包装多个组件进行列表数据绑定。例如，上面的代码可以被修改为以下形式，效果不变：

```
<block wx:for = "{{student}}">
    <view>
        <text>{{index}}</text>
        <text>{{item.name}}</text>
        <text>{{item.age}}</text>
        <text>{{item.hobby}}</text>
    </view>
</block>
```

2.6.4 模 板

在小程序中，如果要经常使用几个组件的组合（如"登录"选项），通常把这几个组件结合定义为一个模板，以后在需要的文件中直接使用这个模板。

1. 定义模板

模板代码由 wxml 组成，因此其定义也是在 wxml 文件中，定义模板的格式为：

```
<template name = "模板名">
```

相关组件代码为：

```
</template>
```

其中，<template>为模板标签，name 属性用于定义模板的名称。

2. 调用模板

将模板定义后，就可以对其进行调用了。调用模板的格式为：

```
<template  is = "模板名称" data == "{{传入的数据}}"/>
```

其中，<template>为模板标签；is 属性用于指定要调用的模板名称；data 属性定义要传入的数据，如果模板中不需要传入数据，data 属性可以省略。

我们可以把上面的示例用模板来实现，代码如下：

```
//wxml
<template name = "stu" > //定义模板

    <block wx:for = "{{student}}" >
      <view >
          <text > {{index}} </text >
          <text >{{item.name}}</text >
          <text >{{item.age}}</text >
          <text >{{item.hobby}}</text >
      </view >
    </block >
</template >
<template is = "stu" data = "{{student}}" /> //使用模板
```

2.6.5　引用页面文件

在 WXML 文件中，不仅可以引用模板文件，还可以引用普通的页面文件。WXML 提供了两种方式来引用其他页面文件。

1. import 方式

如果在要引用的文件中定义了模板代码，则需要用 import 方式引用。

例如，在 a. wxml 文件中定义一个 item 模板。代码如下：

```
//a.wxml
<template name = "item" >
<text >{{item.name}}</text >
<text >{{item.age}}</ext >
</template >
```

如果要在 b. wxml 文件中使用 item 模板，首先需要使用 import 方式引用 a. wxml 文件，然后通过 template 使用 item 模板。代码如下：

```
//b.wxml
<import src = "a.wxml" />
<template is = "item" data = "{{student}}"/>
```

2. include 方式

include 方式可以将源文件中除模板之外的其他代码全部引入，相当于将源文件中的代码复制到 include 所在位置。

例如，在 aa.wxml 文件中定义如下代码：

```
//aa.wxml
<text >{{item.name}} </text >
<text >{{item.age}} </text >
```

在 bb.wxml 文件中定义如下代码：

```
//bb.wxml
<include src = "aa.wxml" />
<text >{{item.hobby}} </text >
```

bb.wxml 文件通过 include 把 aa.wxml 文件代码加载，其结果为如下结构：

```
<text >{{item.name}} </text >
<text >{{item.age}} </text >
<text >{{item.hobby}} </text >
```

2.6.6 页面事件

简单来说，小程序中的事件是用户的一种行为或通信方式。在页面文件中，通过定义事件来完成页面与用户之间的交互，同时通过事件来实现视图层与逻辑层的通信。我们可以将事件绑定到组件上，当达到触发条件时，事件就会执行逻辑层中对应的事件处理函数。

要实现这种机制，需要定义事件函数和调用事件。

■ 定义事件函数 在 .js 文件中定义事件函数来实现相关功能，当事件响应后就会执行事件处理代码。

■ 调用事件 调用事件也称为注册事件。调用事件就是告诉小程序要监听哪个组件的什么事件，通常在页面文件中的组件上注册事件。事件的注册（同组件属性），以"key = value"形式出现，key（属性名）以 bind 或 catch 开头，再加上事件类型，如 bindtap、catchlongtap。其中，bind 开头的事件绑定不会阻止冒泡事件向上冒泡，catch 开头的事件绑定可以阻止冒泡事件向上冒泡。value（属性值）是在 js 中定义的处理该事件的函数名称，如 click。

例如，下列示例代码定义了 click 函数，将事件信息输出到控制台：

```
//.wxml
<view  bindtap = "click" >单击我 < /view>
//.js
Page({
  click:function(event){
    console.log(event);
}
```

在小程序中，事件分为冒泡事件和非冒泡事件两大类型。

■ 冒泡事件　冒泡事件是指某个组件上的事件被触发后，事件会向父级元素传递，父级元素再向其父级元素传递，一直到页面的顶级元素。

■ 非冒泡事件　非冒泡事件是指某个组件上的事件被触发后，该事件不会向父节点传递。

在 WXML 中，冒泡事件有 6 个，如表 2 – 9 所示。

表 2 – 9　冒泡事件

冒泡事件名	触发条件
touchstart	手指触摸开始
touchmove	手指触摸移动
touchcancel	手指触摸被打断（如来电提醒、弹窗）
touchend	手指触摸动作结束
tap	手指触摸后离开
longtap	手指触摸后，超过 350 ms 后离开

除了表 2 – 9 列出的 6 个冒泡事件以外，其他组件自定义的事件也属于冒泡事件。例如，<form/ >中的 submit 事件，<input/ >中的 input 事件。

2.7　页面样式文件

页面样式文件（WXSS）是基于 CSS 拓展的样式语言，用于描述 WXML 的组成样式，决定 WXML 的组件如何显示。WXSS 具有 CSS 的大部分特性，小程序对 WXSS 做了一些扩充和修改。

1. 尺寸单位

由于 CSS 原有的尺寸单位在不同尺寸的屏幕中得不到很好的呈现，WXSS 在此基础上增加了尺寸单位 rpx（respnesive pixel）。WXSS 规定屏幕宽度为 750 rpx，在系统数据绑定过程中 rpx 会按比例转化为 px。例如，iPhone 6 的屏幕宽度为 375 px，即 750 rpx 需按比例转化为

375 px，所以，在 iPhone 6 中，1 rpx = 0.5 px。

2. 样式导入

为了便于管理 WXSS 文件，我们可以将样式存放于不同的文件中。如果需要在某个文件中引用另一个样式文件，使用@ import 语句导入即可。例如：

```
//a.wxss
.cont{border:1px solid #f00;}
//b.wxss
@ import"a.wxss;"
.cont{padding:5rpx; margin:5px;}
```

以上代码的效果与下列代码的效果相同：

```
//b.wxss
.cont{border:1px solid #f00;
Padding:5px; margin:5px;}
```

3. 选择器

目前，WXSS 仅支持 CSS 中常用的选择器，如 . class、#id、element、∷before、∷aftert 等。

4. WXSS 常用属性

WXSS 文件与 CSS 文件有大部分属性名及属性值相同，WXSS 的常用属性及属性值如表 2 - 10 所示。

表 2 - 10　WXSS 常用属性

属性类别	属性名称	属性含义	属性值
字体	font – family	字体	所有的字体
	font – style	字体样式	normal、italic、oblique
	font – variant	字体是否用小型大写	normal、small – caps
	font – weight	字体的粗细	normal、bold、bolder、lighter 等
	font – size	字体的大小	px、larger、smaller 等
颜色	color	定义前景色	#rgb、#rrggbb、rgb（255，255，255）
	background – color	定义背景色	#rgb、#rrggbb、rgb（255，255，255）
	background – image	定义背景图案	url（imageurl）
	background – repeat	重复方式	repeat、repeat – x、repeat – y、no – repeat
	background – attachment	设置滚动	scroll、fixed
	background – position	初始位置	top、button、left、right、center、x、y

续表

属性类别	属性名称	属性含义	属性值
文本	word – spacing	单词间距	normal、px
	letter – spacing	字母间距	normal、px
	text – decoration	文字装饰	none | underline、overline、link、line – through
	vertical – align	垂直对齐	top、middle、buttom
	text – align	水平对齐	left、center、right
	line – height	行高	normal、px
	white – space	空白处理	warp、nowarp
外边距	margin – top	顶端边距	length、percentage、auto
	margin – right	右侧边距	length、percentage、auto
	margin – bottom	底端边距	length、percentage、auto
	margin – left	左侧边距	length、percentage、auto
内边距	padding – top	顶端填充距	length、percentage
	padding – right	右侧填充距	length、percentage
	padding – bottom	底端填充距	length、percentage
	padding – left	左侧填充距	length、percentage
边框	border – top – width	顶端边框宽度	length、thin、medium、thick
	border – right – width	右侧边框宽度	length、thin、medium、thick
	border – bottom – width	底端边框宽度	length、thin、medium、thick
	border – left – width	左侧边框宽度	length、thin、medium、thick
	border – width	一次定义宽度	length、thin、medium、thick
	border – color	边框颜色	color
	border – style	边框样式	none、solid、dotted、ash
	border – top	一次定义顶端	none、solid、dotted、ash
	border – right	一次定义右侧	none、solid、dotted、ash
	border – left	一次定义左侧	none、solid、dotted、ash
	border – radius	圆角边框	number、%
	width	宽度	length、percentage、auto
	height	高度	length、auto
浮动与定位	float	浮动	none、left、right
	clear	清除浮动	left、right、both、none
	display	显示	block、inline、inline – block、none
	position	定位	static、relative、absolute、fixed

2.8　本章小结

本章首先讲解了小程序的目录结构，然后通过目录结构介绍了小程序的框架，最后主要介绍了小程序文件的类型及其配置。这些知识都是开发微信小程序的基础知识，大家必须深刻理解和熟练掌握，并勤写代码多加练习，为后续的学习打下扎实的基础。

2.9　思考练习题

一、选 择 题

1. 下列选项中不是小程序主文件的是（　　　）。

A. app. js

B. app. json

C. app. wxml

D. app. wxss

2. 下列选项中不是小程序生命周期的函数是（　　　）。

A. onLaunch

B. onShow

C. onHide

D. onReady

3. 小程序中用来引用模板文件的函数是（　　　）。

A. import

B. include

C. request

D. link

4. 页面生命周期函数执行顺序是（　　　）。

A. onLoad、onReady、onShow、onHide

B. onLoad、onShow、onReady、onHide

C. onReady、onLoad、onShow、onHide

D. onLoad、onReady、onHide、onShow

5. 在 CSS 度量单位中，下列是相对长度的选项是（　　　）。

A. px

B. rpx

C. cm

D. in

二、操 作 题

1. 利用 wx:if 及 wx:for 数据绑定来实现输出乘法口诀表（图 2 – 21）的编程。

```
•••••WeChat 🔋              14:59            100% ▭▭

                      乘法口诀                   •▪•

1*1=1 1*2=2 1*3=3 1*4=4 1*5=5 1*6=6 1*7=7 1*8=8 1*9=9
2*2=4 2*3=6 2*4=8 2*5=10 2*6=12 2*7=14 2*8=16 2*9=18
3*3=9 3*4=12 3*5=15 3*6=18 3*7=21 3*8=24 3*9=27
4*4=16 4*5=20 4*6=24 4*7=28 4*8=32 4*9=36
5*5=25 5*6=30 5*7=35 5*8=40 5*9=45
6*6=36 6*7=42 6*8=48 6*9=54
7*7=49 7*8=56 7*9=63
8*8=64 8*9=72
9*9=81
```

图 2 – 21　乘法口诀表

2. 编写程序，在 Console 控制台输出水仙花数（水仙花数是指一个 3 位数的各位上的数字的 3 次幂之和等于它本身。例如，$1^3 + 5^3 + 3^3 = 153$）。

3. 编写程序，在页面中输出水仙花数，如图 2 – 22 所示。

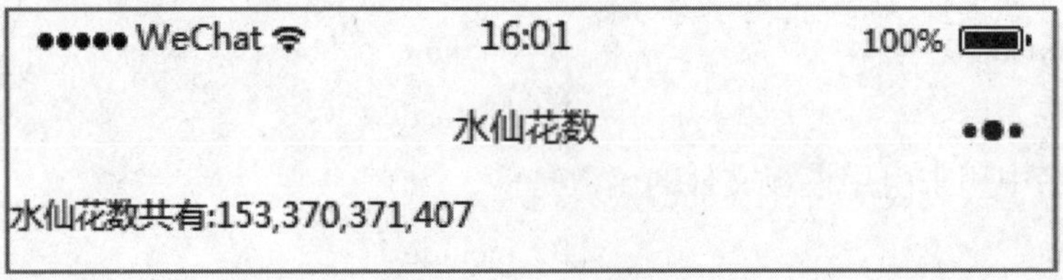

```
•••••WeChat 🔋              16:01            100% ▭▭

                      水仙花数                   •▪•

水仙花数共有:153,370,371,407
```

图 2 – 22　水仙花数

4. 编写程序，在页面中输出菱形图案，如图 2 – 23 所示。

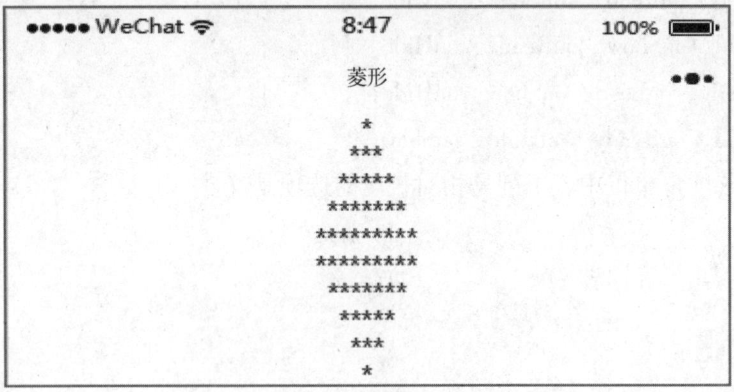

```
•••••WeChat 🔋              8:47             100% ▭▭

                       菱形                     •▪•

                        *
                       ***
                      *****
                     *******
                    *********
                    *********
                     *******
                      *****
                       ***
                        *
```

图 2 – 23　菱形图案

第 3 章

页面布局

学习目标

- ➤ 了解盒子模型的基本原理
- ➤ 掌握浮动与定位
- ➤ 熟练掌握 flex 布局方式

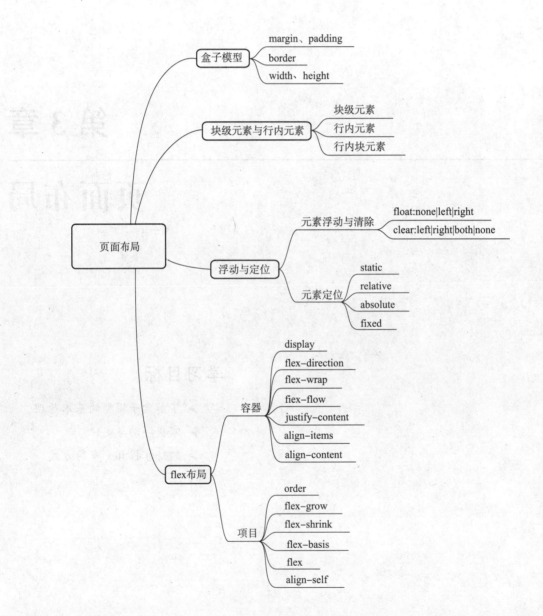

3.1　盒子模型

微信小程序的视图层由 WXML 和 WXSS 组成。其中，WXSS（WeiXin Style Sheets）是基于 CSS 拓展的样式语言，用于描述 WXML 的组成样式，决定 WXML 的组件如何显示。WXSS 具有 CSS 的大部分特性，因此，本章将重点讲解 CSS 中的布局相关内容。

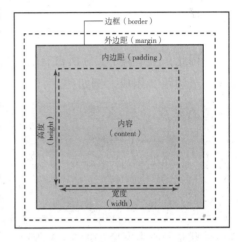

在页面设计中，只有掌握了盒子模型以及盒子模型的各个属性和应用方法，才能轻松控制页面中的各个元素。

盒子模型就是我们在页面设计中经常用到的一种思维模型。在 CSS 中，一个独立的盒子模型由内容（content）、内边距（padding）、边框（border）和外边距（margin）4 个部分组成，如图 3 - 1 所示。

图 3 - 1　盒子模型结构

此外，对 padding、border 和 margin 可以进一步细化为上、下、左、右 4 个部分，在 CSS 中可以分别进行设置，如图 3 - 2 所示。

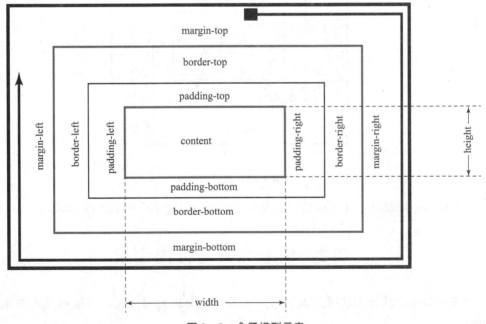

图 3 - 2　盒子模型元素

图中各元素的含义如下：

■ width 和 height　内容的宽度和高度。

■ padding – top、padding – right、padding – bottom 和 padding – left　上内边距、右内边距、底内边距和左内边距。

■ border – top、border – right、border – bottom 和 border – left　上边框、右边框、底边框和左边框。

■ margin – top、margin – right、margin – bottom 和 margin – left　上外边距、右外边距、底外边距和左外边距。

因此，一个盒子实际所占有的宽度（高度）应该由"内容" + "内边距" + "边框" + "外边距"组成。例如：

```
.box{
    width:70px;
    padding:5px;
    margin:10px;
}
```

此盒子所占宽度如图 3 – 3 所示。

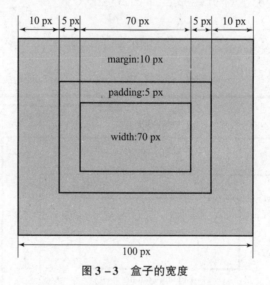

图 3 – 3　盒子的宽度

CSS 中的布局都基于盒子模型，不同类型的元素对盒子模型的处理不同。

3.2　块级元素与行内元素

元素按显示方式分为块级元素、行内元素和行内块元素，它们的显示方式由 display 属性控制。

3.2.1 块级元素

块级元素默认占一行高度，一行内通常只有一个块级元素（浮动后除外），添加新的块级元素时，会自动换行，块级元素一般作为盒子出现。块级元素的特点如下：

（1）一个块级元素占一行。

（2）块级元素的默认高度由内容决定，除非自定义高度。

（3）块级元素的默认宽度是父级元素的内容区宽度，除非自定义宽度。

（4）块级元素的宽度、高度、外边距及内边距都可以自定义设置。

（5）块级元素可以容纳块级元素和行内元素。

组件默认为块级元素，使用组件演示盒子模型及块级元素的示例代码如下：

```
<!--每个块级元素占一行-->
<view style = "border:1px solid #f00">块级元素1</view>
<!--块级元素的宽度等于父级元素的宽度减去内外边距的宽度-->
<view style = "border:1px solid #0f0;margin:15px; padding:20px">块级元素2</view>
<!--块级元素的宽度、高度自定义设置-->
<view style = "border:1px solid #00f;width:200px; height:80px">块级元素3</view>
<!--块级元素的高度随内容决定,内容为块级元素-->
<view style = "border:1px solid #ccc;">
    <view style = "height:60px">块级元素4</view>
</view>
<!--块级元素的高度随内容决定,内容为文本元素,块级元素的宽度为100px-->
<view style = "borde:1px solid #f00;width:100px;background-color:#ccc">父级元素高度随内容决定,内容为文本</view>
```

显示效果如图3-4所示。

3.2.2 行内元素

行内元素，不必从新一行开始，通常会与前后的其他行内元素显示在同一行中，它们不占有独立的区域，仅靠自身内容支撑结构，一般不可以设置大小，常用于控制页面中文本的样式。将一个元素的display属性设置为inline后，该元素即被设置为行内元素。行内元素的特点如下：

（1）行内元素不能被设置高度和宽度，其高度和宽度由内容决定。

（2）行内元素内不能放置块级元素，只级容纳文本或其他行内元素。

（3）同一块内，行内元素和其他行内元素显示在同一行。

<text/>组件默认为行内元素，使用<view/>及<text/>组件演示盒子模型及行内元素的示例代码如下：

```
<view style = "padding:20px">
    <text style = "border:1px solid #f00">文本1</text>
    <text style = "border:1px solid #0f0;margin:10px;padding:
5px">文本2</text>
    <view style = "border:1px solid #00f;display:inline">块级元素
设置为行内元素</view>一行显示不全,自动换行显示
</view>
```

显示效果如图3-5所示。

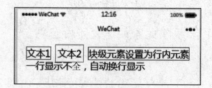

图3-4 块级元素　　　　　　　图3-5 行内元素

3.2.3 行内块元素

当元素的 display 属性被设置为 inline-block 时，元素被设置为行内块元素。行内块元素可以被设置高度、宽度、内边距和外边距。示例代码如下：

```
<view>
元素显示方式的<view style = "display:inline-block;border:1px solid #
f00;margin:10px;padding:10px;width:200px;">块级元素、行内元素和行内块元素
</view>三种类型。
</view>
```

显示效果如图3-6所示。

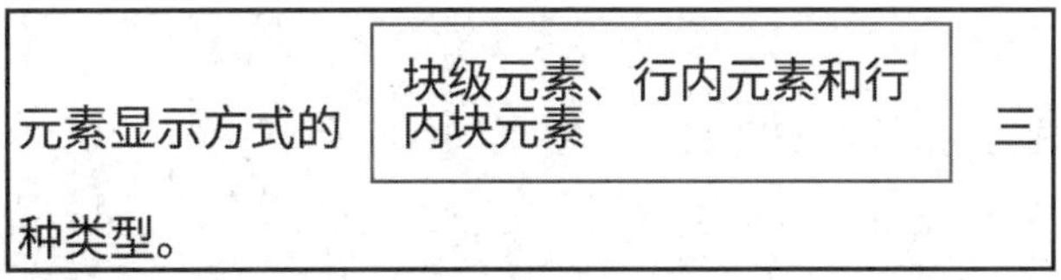

元素显示方式的
种类型。

| 块级元素、行内元素和行内块元素 | 三 |

图3-6 行内块元素

3.3 浮动与定位

3.3.1 元素浮动与清除

元素浮动就是指设置了浮动属性的元素会脱离标准文档流的控制，移到其父元素中指定位置的过程。在 CSS 中，通过 float 属性来定义浮动，其基本格式如下：

```
{float:none|left|right;}
```

其中，none——默认值，表示元素不浮动；

left——元素向左浮动；

right——元素向右浮动。

在下面的示例代码中，分别对 box1、box2、box3 元素左浮动：

```
<view >box1,box2,box3 没浮动 </view >
<view style ="border:1px solid #f00 ;padding:5px" >
    <view style ="border:1px solid #0f0" >box1 </view >
    <view style ="border:1px solid #0f0" >box2 </view >
    <view style ="border:1px solid #0f0" >box3 </view >
</view >
<view >box1 左浮动 </view >
<view style ="border:1px solid #f00 ;padding:5px" >
    <view style ="float:left;border:1px solid #0f0" >box1 </view >
    <view style ="border:1px solid #0f0" >box2 </view >
    <view style ="border:1px solid #0f0" >box3 </view >
</view >
<view >box1 box2 左浮动 </view >
    <view style ="border:1px solid #f00 ;padding:5px" >
    <view style ="float:left;border:1px solid #0f0" >box1 </view >
    <view style ="float:left;border:1px solid #0f0" >box2 </view >
    <view style ="border:1px solid #0f0" >box3 </view >
```

```
</view>
<view>box1 box2 box3 左浮动 </view>
    <view style="border:1px solid #f00 ;padding:5px">
    <view style="float:left;border:1px solid #0f0">box1 </view>
    <view style="float:left;border:1px solid #0f0">box2 </view>
    <view style="float:left;border:1px solid #0f0">box3 </view>
</view>
```

运行效果如图 3-7 所示。

图 3-7　元素浮动

通过案例我们发现，当 box3 左浮动后，父元素的边框未能包裹 box3 元素。这时，可以通过清除浮动来解决。

由于浮动元素不再占用原文档流的位置，因此它会对页面中其他元素的排列产生影响。在 CSS 中，clear 属性用于清除浮动元素对其他元素的影响，其基本格式如下：

```
{clear:left |right |both |none}
```

其中，left——清除左边浮动的影响，也就是不允许左侧有浮动元素；

right——清除右边浮动的影响，也就是不允许右侧有浮动元素；

both——同时清除左右两侧浮动的影响；

none——不清除浮动。

示例代码如下：

```
<view>box1 box2 左浮动 box3 清除左浮动 </view>
<view style="border:1px solid #f00 ;padding:5px">
<view style="float:left;border:1px solid #0f0">box1 </view>
<view style="float:left;border:1px solid #0f0">box2 </view>
```

```
<view style = "clear:left;border:1px solid #0f0">box3</view>
</view>
```

运行效果如图3-8所示。

另外，还可以在父元素外添加一个空元素，实现父元素包裹浮动元素。示例代码如下：

```
//wxml
<view>box1 box2 box3 左浮动 在父元素后添加一个空元素</view>
<view style = "border:1px solid #f00;padding:5px" class = "clear-
float">
<view style = "float:left;border:1px solid #0f0">box1</view>
<view style = "float:left;border:1px solid #0f0">box2</view>
<view style = "float:left;border:1px solid #0f0">box3</view>
</view>
//wxss
.clearfloat::after{display:block;clear:both;height:0;content:""}
```

运行效果如图3-9所示。

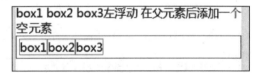

图3-8 清除浮动 　　　　　　　图3-9 添加一个空元素

3.3.2 元素定位

浮动布局虽然灵活，但无法对元素的位置进行精确的控制。在 CSS 中，通过 position 属性可以实现对页面元素的精确定位。基本格式如下：

```
{position:static |relative |absolute |fixed}
```

其中，static——默认值，该元素按照标准流进行布局；

relative——相对定位，相对于它在原文档流的位置进行定位，它后面的盒子仍以标准流方式对待它；

absolute——绝对定位，相对于其上一个已经定位的父元素进行定位，绝对定位的盒子从标准流中脱离，它对其后的兄弟盒子的定位没有影响；

fixed——固定定位，相对于浏览器窗口进行定位。

对 box1、box2、box3 进行元素静态定位，示例代码如下：

```
<!-- 三个元素匀未定位 static -->
<view style = "border:1px solid #0f0;width:100px;height:100px" >
box1 < /view >
<view style = "border:1px solid #0f0;width:100px;height:100px" >
box2 < /view >
<view style = "border:1px solid #0f0;width:100px;height:100px" >
box3 < /view >
```

运行效果如图3-10（a）所示。

对box1、box2、box3进行元素相对定位，示例代码如下：

```
<!--box2 元素相对定位 relative top:30px left:30px -->
<view style = "border:1px solid #0f0;width:100px;height:100px" >
box1 < /view >
<view style = "border:1px solid #0f0;width:100px;height:100px;posi-
tion:relative; left:30px; top:30px " >box2 < /view >
<view style = "border:1px solid #0f0;width:100px;height:100px" >
box3 < /view >
```

运行效果如图3-10（b）所示。

对box1、box2、box3进行元素绝对定位，示例代码如下：

```
<!--box2 元素绝对定位 absolute  top:30px left:30px -->
<view style = "border:1px solid #0f0;width:100px;height:100px" >
box1 < /view >
<view style = "border:1px solid #0f0;width:100px;height:100px;posi-
tion:absolute; left:30px; top:30px " >box2 < /view >
<view style = "border:1px solid #0f0;width:100px;height:100px" >
box3 < /view >
```

运行效果如图3-10（c）所示。

对box1、box2、box3进行元素固定定位，示例代码如下：

```
<!--box2 元素固定定位 fixed   top:30px left:30px -->
<view style = "border:1px solid #0f0;width:100px;height:100px" >
box1 < /view >
<view style = "border:1px solid #0f0;width:100px;height:100px;posi-
tion:fixed; left:30px; top:30px " >box2 < /view >
<view style = "border:1px solid #0f0;width:100px;height:100px" >
box3 < /view >
```

运行效果如图 3 – 10（d）所示。

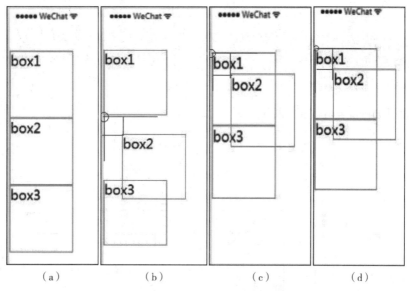

图 3 – 10 元素定位

（a）静态定位；（b）相对定位；（c）绝对定位；（d）固定定位

通过案例我们发现，图 3 – 10（c）（绝对定位）和图 3 – 10（d）（固定定位）的效果相同。这是因为它们的父元素是 page，没有定位。

如果将 box1、box2、box3 的父元素采用相对定位，将 box2 采用绝对定位，代码如下：

```
< view style = "position:relative;top:50px;left:50px; border:1px
solid #00f" >
    < view style = " border:1px solid #0f0;width:100px;height:
100px" >box1 < /view >
    < view style = " border:1px solid #0f0;width:100px;height:
100px;position:absolute; left:30px; top:30px " >box2 < /view >
    < view style = " border:1px solid #0f0;width:100px;height:
100px" >box3 < /view >
  < /view >
```

运行效果如图 3 – 11（a）所示。

如果将 box1、box2、box3 的父元素采用相对定位，将 box2 采用固定定位，代码如下：

```
< view style = "position:relative;top:50px;left:50px; border:1px
solid #00f" >
    < view style = " border:1px solid #0f0;width:100px;height:
100px" >box1 < /view >
```

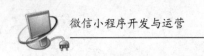

```
    < view style = " border:1px solid #0f0;width:100px;height:
100px;position:fixed; left:30px; top:30px " >box2 </view>
    < view style = " border:1px solid #0f0;width:100px;height:
100px" >box3 </view>
  </view>
```

运行效果如图 3 – 11（b）所示。

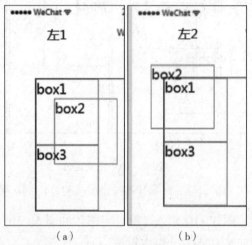

图 3 – 11　父元素采用相对定位，子元素分别采用绝对定位、固定定位

（a）box2 采用绝对定位；（b）box2 采用固定定位

3.4　flex 布局

flex 布局是万维网联盟（World Wide Web Consortium，W3C）在 2009 年提出的一种新布局方案，该布局可以简单快速地完成各种可以伸缩的设计，以便很好地支持响应式布局。flex 是 flexible box 的缩写，意为弹性盒子模型，可以简便、完整、响应式地实现各种页面布局。

flex 布局主要由容器和项目组成，采用 flex 布局的元素称为 flex 容器（flex container），flex 布局的所有直接子元素自动成为容器的成员，称为 flex 项目（flex item）。

容器默认存在两根轴：水平的主轴（main axis）和垂直的交叉轴（cross axis）。主轴的开始位置（与边框的交叉点）叫做 main start，结束位置叫做 main end；交叉轴的开始位置叫做 cross start，结束位置叫做 cross end。

项目默认沿主轴排列。单个项目占据的主轴空间叫做 main size，占据的交叉轴空间叫做 cross size。flex 布局模型如图 3 – 12 所示。

设置 display 属性可以将一个元素指定为 flex 布局，设置 flex – direction 属性可以指定主轴方向。主轴既可以是水平方向，也可以是垂直方向。

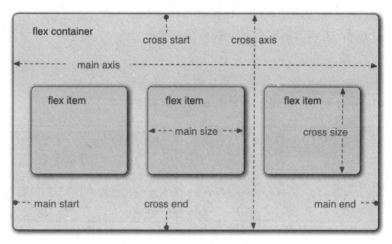

图3-12 **flex** 布局模型

3.4.1 容器属性

flex 容器支持的属性有7种，如表3-1所示。

表3-1 **flex** 容器支持的属性

属性名	功能
display	指定元素是否为 flex 布局
flex-direction	指定主轴方向，决定项目的排列方式
flex-wrap	定义项目如何换行（超过一行时）
flex-flow	flex-direction 和 flex-wrap 的简写形式
justify-content	定义项目主轴上的对齐方式
align-items	定义项目在交叉轴的对齐方式
align-content	定义多根轴线的对齐方式

1. display

display 用来指定元素是否为 flex 布局，语法格式为：

```
.box{display:flex|inline-flex;}
```

其中，flex——块级 flex 布局，该元素变为弹性盒子；

inline-flex——行内 flex 布局，行内容器符合行内元素的特征，同时在容器内又符合 flex 布局规范。

设置了 flex 布局之后，子元素的 float、clear 和 vertical-align 属性将失效。

2. flex-direction

flex-direction 用于设置主轴的方向，即项目排列的方向，语法格式为：

```
.box{flex-direction:row|row-reverse|column|column-reverse;}
```

其中，row——主轴为水平方向，起点在左端，当元素设置为 flex 布局时，主轴默认为 row；

row – reverse——主轴为水平方向，起点在右端；

column——主轴为垂直方向，起点在顶端；

column – reverse——主轴为垂直方向，起点在底端。

图 3 – 13 所示为元素在不同主轴方向下的显示效果。

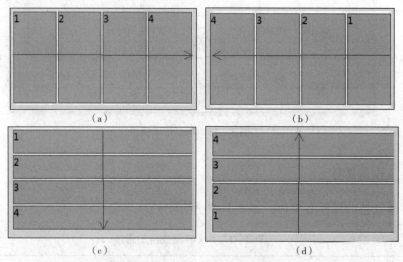

图 3 – 13 flex – direction 示例

（a）row；（b）row – reverse；（c）column；（d）column – reverse

3. flex – wrap

flex – wrap 用来指定当项目在一根轴线的排列位置不够时，项目是否换行，其语法格式如下：

```
.box{flex – wrap:nowrap |wrap |wrap – reverse;}
```

其中，nowrap——不换行，默认值；

wrap——换行，第一行在上方；

wrap – reverse——换行，第一行在下方。

当设置换行时，还需要设置 align – item 属性来配合自动换行，但 align – item 的值不能为 "stretch"。

flex – wrap 不同值的显示效果如图 3 – 14 所示。

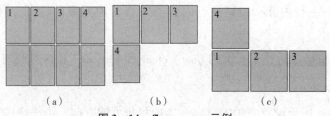

图 3 – 14 flex – wrap 示例

（a）nowrap；（b）wrap；（c）wrap – reverse

4. flex – flow

flex – flow 是 flex – direction 和 flex – wrap 的简写形式，默认值为 row nowrap。语法格式如下：

```
.box{flex - flow: < flex - direction > || < flex - wrap >;}
```

示例代码如下：

```
.box{flex - flow:row nowrap;} //水平方向不换行
.box{flex - flow:row - reverse wrap;} //水平方向逆方向换行
.box{flex - flow:column wrap - reverse;} //垂直方向逆方向换行
```

5. justify – content

justify – content 用于定义项目在主轴上的对齐方式。语法格式如下：

```
.box{justify - content:flex - start |flex - end |center |space - between |space - around;}
```

其中，justify – content——与主轴方向有关，默认主轴水平对齐，方向从左到右；

flex – start——左对齐，默认值；

flex – end——右对齐；

center——居中；

space – between——两端对齐，项目之间的间隔都相等；

space – around——每个项目两侧的间隔相等。

图 3 – 15 所示为 justify – content 不同值的显示效果。

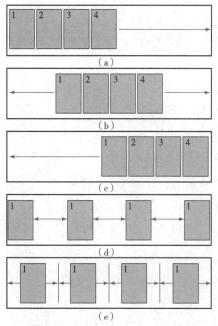

图 3 – 15 justify – content 示例

（a）flex – start；（b）center；（c）flex – end；（d）space – between；（e）space – around

6. align – items

align – items 用于指定项目在交叉轴上的对齐方式，语法格式如下：

```
.box{align-items:flex-start |flex-end |center |baseline |stretch;}
```

其中，align – items——与交叉轴方向有关，默认交叉由上到下；

flex – start——交叉轴起点对齐；

flex – end——交叉轴终点对齐；

center——交叉轴中线对齐；

baseline——项目根据它们第一行文字的基线对齐；

stretch——如果项目未设置高度或设置为 auto，项目将在交叉轴方向拉伸填充容器，此为默认值。

示例代码如下：

```
//.wxml
<view class = "cont1" >
    <view class = "item" >1 </view >
    <view class = "item item2" >2 </view >
    <view class = "item item3" >3 </view >
    <view class = "item item4" >4 </view >
</view >
//wxss
.cont1{
    display: flex;
    flex-direction:row;
    align-items:baseline;
}
.item{
  background-color: #ccc;
  border:1px solid #f00;
  height:100px;
  width:50px;
  margin: 2px;
}
.item2{
    height:80px;
}
```

```
.item3{
   display: flex;
   height:50px;
   align-items:flex-end;
}
.item4{
    height:120px;
}
```

图 3-16 所示为不同对齐方式的效果。

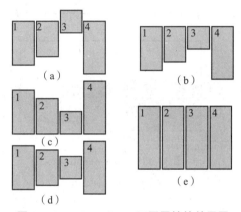

图 3-16 align-items 不同属性的效果图

（a）原图 baseline；（b）flex-start；

（c）flex-end；（d）center；（e）stretch

7. align-content

align-content 用来定义项目有多根轴线（出现换行后）在交叉轴上的对齐方式，如果只有一根轴线，该属性不起作用。语法格式如下：

```
.box{align-content:flex-start |flex-end | center |space-between |
space-around |stretch}
```

其中，space-between——与交叉轴两端对齐，轴线之间的间隔平均分布；

space-around——每根轴线两侧的间隔都相等，轴线之间的间隔比轴线与边框间隔大一倍。

其余各属性值的含义与 align-items 属性的含义相同。

图 3-17 所示为 align-content 不同值的显示效果。

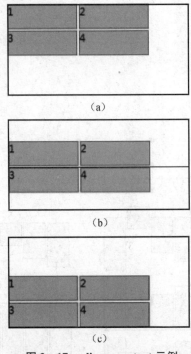

图 3 − 17　**align − content** 示例

（a）flex − start；（b）center；（c）flex − end

3.4.2　项目属性

容器内的项目支持 6 个属性，其名称和功能如表 3 − 2 所示。

表 3 − 2　容器内项目属性

属性名	功能
order	定义项目的排列顺序
flex − grow	定义项目的放大比例（当有多余空间时）
flex − shrink	定义项目的缩小比例（当空间不足时）
flex − basis	定义在分配多余空间之前，项目占据的主轴空间
flex	flex − grow、flex − shrink、flex − basis 的简写
align − self	用来设置单独的伸缩项目在交叉轴上的对齐方式

1. order

order 属性定义项目的排列顺序，数值越小，排列越靠前，默认值为 0。语法格式如下：

```
.item{order:<number>;}
```

示例代码如下：

```
<view class = "cont1" >
    <view class = "item" >1 </view >
    <view class = "item" >2 </view >
    <view class = "item" >3 </view >
    <view class = "item" >4 </view >
</view >
<view class = "cont1" >
    <view class = "item" style = "order:1" >1 </view >
    <view class = "item" style = "order:3" >2 </view >
    <view class = "item" style = "order:2" >3 </view >
    <view class = "item" >4 </view >
</view >
```

运行效果如图 3 - 18 所示。

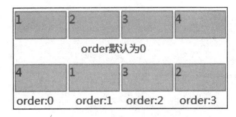

图 3 - 18 order 示例

2. flex - grow

flex - grow 定义项目的放大比例, 默认值为 0, 即不放大。语法格式如下:

```
.item{flex - grow: <number >;}
```

示例代码如下:

```
<view class = "cont1" >
    <view class = "item" >1 </view >
    <view class = "item" >2 </view >
    <view class = "item" >3 </view >
    <view class = "item" >4 </view >
</view >
<view class = "cont1" >
    <view class = "item" >1 </view >
    <view class = "item" style = "flex - grow:1" >2 </view >
    <view class = "item" style = "flex - grow:2" >3 </view >
    <view class = "item" >4 </view >
</view >
```

运行效果如图 3 - 19 所示。

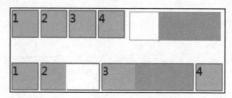

图 3 - 19   flex - grow 示例

在示例中，剩余空间被分成 3 份，元素 2 占 1 份，元素 3 占 2 份。

3. flex - shrink

flex - shrink 用来定义项目的缩小比例，默认值为 1，如果空间不足，该项目将被缩小。语法格式如下：

```
.item{flex-shrink:<number>;}
```

示例代码如下：

```
<view class = "cont1" >
    <view class = "item" >1 </view >
    <view class = "item" >2 </view >
    <view class = "item" >3 </view >
    <view class = "item" >4 </view >
</view >
<view class = "cont1" >
    <view class = "item" >1 </view >
    <view class = "item" style = "flex - shrink:2" >2 </view >
    <view class = "item" style = "flex - shrink:1" >3 </view >
    <view class = "item"style = "flex - shrink:4" >4 </view >
</view >
```

运行效果如图 3 - 20 所示。

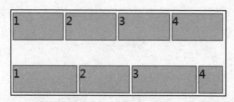

图 3 - 20   flex - shrink 示例

假定容器宽度为 800 px，4 个元素的宽度分别为 240 px，元素宽度比容器多 160 px（即 240 × 4 - 800）。当 flex - shrink 属性值为 1 时，由于空间不足，4 个项目将被等比例缩小，每个元素变为 200 px（即图 3 - 20 的上半部分）；当 4 个元素的缩小比例为 1∶2∶1∶4

时，它们的宽度分别减少20 px、40 px、20 px、80 px，它们的实际宽度变为220 px、200 px、220 px、160 px。

4. flex – basis

flex – basis 属性用来定义伸缩项目的基准值，剩余的空间将按比例进行缩放，它的默认值为 auto（即项目的本来大小）。语法格式如下：

```
.item{flex – basis:<number>|auto;}
```

示例代码如下：

```
<view class = "cont1">
    <view class = "item">1</view>
    <view class = "item">2</view>
    <view class = "item">3</view>
    <view class = "item">4</view>
</view>
<view class = "cont1">
    <view class = "item">1</view>
    <view class = "item" style = "flex – basis:100px">2</view>
    <view class = "item" style = "flex – basis:200px">3</view>
    <view class = "item">4</view>
</view>
```

运行效果如图3 – 21 所示。

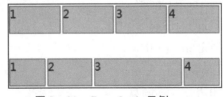

图 3 – 21　flex – basis 示例

5. flex

flex 属性是 flex – grow、flex – shrink 和 flex – basis 的简写，其默认值分别为 0、1、auto。语法格式如下：

```
.item{flex:<flex – grow>|<flex – shrink>|<flex – basis>;}
```

示例代码如下：

```
.item{flex:auto;} //等价于.item{flex:1 1 auto;}
.item{flex:none;} //等价于.item{flex:0 0 auto;}
```

6. align – self

align – self 属性用来指定单独的伸缩项目在交叉轴上的对齐方式。该属性会重写默认的对齐方式。语法格式如下：

```
.item{align – self:auto |flex – start |flex – end |center |baseline |
stretch;}
```

在该属性值中，除了 auto 以外，其余属性值和容器 align – items 的属性值完全一致。auto 表示继承容器 align – items 的属性，如果没有父元素，则等于 stretch（默认值）。

3.5 本章小结

本章首先介绍了页面布局中最基本的盒子模型，接下来介绍了浮动和定位，最后重点讲解了 flex 布局的基本原理、容器和项目的相关属性。大家学好这些内容，可为小程序项目的布局打下良好的基础。

3.6 思考练习题

一、选择题

1. 下列选项中，可以改变盒子模型外边距的是（   ）。

A. padding   B. margin   C. border   D. type

2. 下列选项中，可以设置背景图像平铺方式的是（   ）。

A. background – repeat:no – repeat

B. background – attachment:fixed

C. background – attachment:scroll

D. background – repeat:repeat – x

3. 下列选项中，不能清除浮动的是（   ）。

A. left   B. right   C. both   D. center

4. flex 布局中，flex – direction 属性有（   ）个选项。

A. 1   B. 2   C. 3   D. 4

5. flex 布局中，容器内有 4 个项目，容器宽度为 600 px，每个项目的宽度为 200 px，默认情况下，每个项目的宽度为（   ）。

A. 200 px   B. 150 px   C. 100 px   D. 不确定

二、分析题

分析下列代码，实现如图 3 – 22 所示的页面布局。

```
//cal.wxml
<view class = "content" >
    <view class = "layout - top" >
        <view class = "screen" >3×8 < /view >
    < /view >
    <view class = "layout - bottom" >
        <view class = "btnGroup" >
            <view class = "item orange" >C < /view >
            <view class = "item orange" >← < /view >
            <view class = "item orange" > # < /view >
            <view class = "item orange" > + < /view >
        < /view >
        <view class = "btnGroup" >
            <view class = "item blue" >9 < /view >
            <view class = "item blue" >8 < /view >
            <view class = "item blue" >7 < /view >
            <view class = "item orange" > - < /view >
        < /view >
        <view class = "btnGroup" >
            <view class = "item blue" >6 < /view >
<view class = "item blue" >5 < /view >
            <view class = "item blue" >4 < /view >
            <view class = "item orange" > × < /view >
        < /view >
        <view class = "btnGroup" >
            <view class = "item blue" >3 < /view >
            <view class = "item blue" >2 < /view >
            <view class = "item blue" >1 < /view >
            <view class = "item orange" > ÷ < /view >
        < /view >
        <view class = "btnGroup" >
            <view class = "item blue zero" >0 < /view >
            <view class = "item blue" > . < /view >
            <view class = "item orange" > = < /view >
        < /view >
    < /view >
```

```
</view>
//app.wxss
.container {
    height: 100%;
    display: flex;
    flex-direction: column;
    align-items: center;
    justify-content: space-between;
    padding: 200rpx 0;
}

//cal.wxss
.content {
    height: 100%;
    display: flex;
    flex-direction: column;
    align-items: center;
    background-color: #ccc;
    font-family: "Microsoft YaHei";
    overflow-x: hidden;
}
.layout-top{
    width: 100%;
    margin-bottom: 30rpx;
}
.layout-bottom{
    width: 100%;
}
.screen {
    text-align: right;
    width: 100%;
    line-height: 130rpx;
    padding: 0 10rpx;
    font-weight: bold;
    font-size: 60px;
```

```
box-sizing: border-box;
    border-top: 1px solid #fff;

    }

    .btnGroup {
    display: flex;
    flex-direction: row;
    flex: 1;
    width: 100%;
    height: 4rem;
    background-color: #fff;

}

.item {
    width:25%;
    display: flex;
    align-items: center;
    flex-direction: column;
    justify-content: center;
    margin-top: 1px;
    margin-right: 1px;

}

.zero{
    width: 50%;

}

.orange {
    color: #fef4e9;
    background: #f78d1d;
    font-weight: bold;

}

.blue {
    color:#d9eef7;
    background-color: #0095cd;

}
```

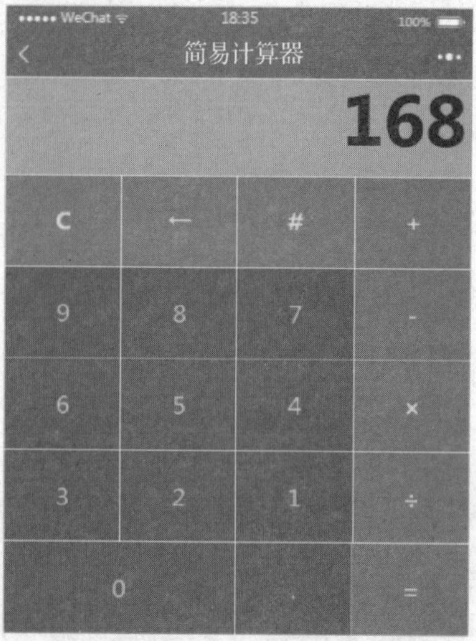

图 3 -22　页面布局

三、操作题

分析页面结构，实现如图 3 -23 所示的布局效果。

图 3 -23　布局效果

第4章

页面组件

学习目标

➢ 了解小程序组件

➢ 掌握视图容器组件

➢ 掌握基础内容组件

➢ 掌握表单组件

➢ 掌握多媒体组件

➢ 掌握其他高级组件

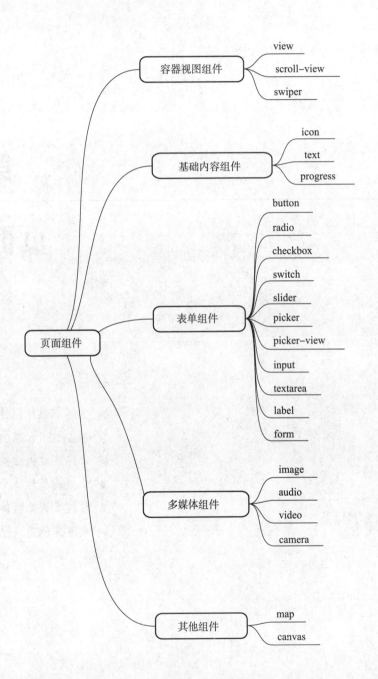

4.1　组件的定义及属性

组件是页面视图层（WXML）的基本组成单元，组件组合可以构建功能强大的页面结构。小程序框架为开发者提供了容器视图、基础内容、表单、导航、多媒体、地图、画布、开放能力等8类（30多个）基础组件。

每一个组件都由一对标签组成，有开始标签和结束标签，内容放置在开始标签和结束标签之间，内容也可以是组件。组件的语法格式如下：

> <标签名　属性名＝"属性值"＞内容…＜/标签名＞

组件通过属性来进一步细化。不同的组件可以有不同的属性，但它们也有一些共用属性，如id、class、style、hidden、data－*、bind*/catch*等。

■ id　组件的唯一表示，保持整个页面唯一，不常用。

■ class　组件的样式类，对应WXSS中定义的样式。

■ style　组件的内联样式，可以动态设置内联样式。

■ hidden　组件是否显示，所有组件默认显示。

■ data－*　自定义属性，组件触发事件时，会发送给事件处理函数。事件处理函数可以通过传入参数对象的currentTarget.dataset方式来获取自定义属性的值。

■ bind*/catch*　组件的事件，绑定逻辑层相关事件处理函数。

4.2　容器视图组件

容器视图组件是能容纳其他组件的组件，是构建小程序页面布局的基础组件，主要包括view、scroll－view和swiper组件。

4.2.1　view

view组件是块级组件，没有特殊功能，主要用于布局展示，相当于HTML中的div，是布局中最基本的用户界面（User Interface，UI）组件，通过设置view的CSS属性可以实现各种复杂的布局。view组件的特有属性如表4－1所示。

表4－1　view组件的特有属性

属性名	类型	默认值	功能
hover－class	String	none	指定按下去的样式类，默认没有点击态效果
hover－stop－propagation	Boolean	false	指定是否阻止节点的祖先节点出现点击态

属性名	类型	默认值	功能
hover – start – time	Number	50	手指触键至出现点击态的等待时间（ms）
hover – stay – time	Number	400	手指松开后点击态的保留时间（ms）

通过 < view > 组件实现页面布局示例代码如下：

```
< view  style = "text – align:center" >默认 flex 布局 < /view >
< view  style = "display:flex" >
        < viewstyle = "border:1px solid #f00;flex – grow:1" >1 < /view >
        < viewstyle = "border:1px solid #f00;flex – grow:1" >2 < /view >
        < viewstyle = "border:1px solid #f00;flex – grow:1" >3 < /view >
< /view >
< views  tyle = "text – align:center" >上下混合布局 < /view >
< view  style = "display:flex;flex – direction:column" >
    < view  style = "border:1px solid #f00;" >1 < /view >
      < view  style = "display:flex" >
          < view  style = "border:1px solid #f00;flex – grow:1" >
2 < /view >
          < view  style = "border:1px solid #f00;flex – grow:2" >
3 < /view >
      < /view >
< /view >
< view  style = "text – align:center" >左右混合布局 < /view >
< view style = "display:flex" >
      < views tyle = "border:1px solid #f00;flex – grow:1" >1 < /view >
    < view style = "display:flex;flex – direction:column;flex – grow:
1" >
          < view style = "border:1px solid #f00;flex – grow:1" >
2 < /view >
          < view style = "border:1px solid #f00;flex – grow:2" >
3 < /view >
      < /view >
  < /view >
```

运行效果如图 4 – 1 所示。

图 4 - 1　view 组件示例

4.2.2　scroll - view

通过设置 scroll - view 组件的相关属性可以实现滚动视图的功能，其属性如表 4 - 2 所示。

表 4 - 2　scroll - view 组件属性

属性名	类型	说明
scroll - x	Boolean	允许横向滚动，默认值 false
scroll - y	Boolean	允许纵向滚动，默认值 false
upper - threshold	Number	距顶部/左边多远时，触发 scrolltoupper 事件，默认值 50 px
lower - threshold	Number	距底部/右边多远时，触发 scrolltolower 事件，默认值 50 px
scroll - top	Number	设置竖向滚动条位置
scroll - left	Number	设置横向滚动条位置
scroll - into - view	String	元素滚动到滚动区域的顶部
bindscrolltoupper	EventHandle	滚动到顶部/左边，会触发 scrolltoupper 事件
bindscrolltolower	EventHandle	滚动到底部/右边，会触发 scrolltolower 事件
bindscroll	EventHandle	滚动时触发，event. detail = ｛scrollLeft, scrollTop, scrollHeight, scrollWidth, deltaX, deltaY｝

【注意】

（1）在使用竖向滚动时，如果需要给 scroll - view 组件设置一个固定高度，可以通过 WXSS 设置 height 来完成。

（2）请勿在 scroll - view 组件中使用 textarea、map、canvas、video 组件。

（3）scroll - into - view 属性的优先级高于 scroll - top。

（4）由于在使用 scroll - view 组件时会阻止页面回弹，所以在 scroll - view 组件滚动时无法触发 onPullDownRefresh。

（5）如果要实现页面下拉刷新，请使用页面的滚动，而不是设置 scroll - view 组件。这样做，能通过单击顶部状态栏回到页面顶部。

通过 scroll - view 组件可以实现下拉刷新和上拉加载更多，代码如下：

```
    //scroll-view.wxml
1   <view  class="container"style="padding:0rpx">
2   <!--垂直滚动,这里必须设置高度-->
3       <scroll-view scroll-top="{{scrollTop}}" scroll-y="true"
4       style="height:{{scrollHeight}}px;" class="list" bind-
scrolltolower="bindDownLoad"
5       bindscrolltoupper="topLoad" bindscroll="scroll">
6           <view class="item"wx:for="{{list}}">
7               <image class="img"src="{{item.pic_url}}"></image>
8               <view class="text">
9                   <text class="title">{{item.name}}</text>
10                  <text class="description">{{item.short_de-
scription}}</text>
11              </view>
12          </view>
13      </scroll-view>
14  <view  class="body-view">
15      <loading hidden="{{hidden}}"bindchange="loadingChange">
16      加载中...
17      </loading>
18  </view>
19 </view>
20
21
22  //scroll-view.js
23 var url="http://www.imooc.com/course/ajaxlist";
24 var page=0;
25 var page_size=5;
26 var sort="last";
27 var is_easy=0;
28 var lange_id=0;
29 var pos_id=0;
30 var unlearn=0;
```

```
32  //请求数据
33  var loadMore = function(that){
34    that.setData({
35    hidden: false
36    });
37  wx.request({
38  url: url,
39  data: {
40      page: page,
41      page_size: page_size,
42      sort: sort,
43      is_easy: is_easy,
44      lange_id: lange_id,
45      pos_id: pos_id,
46      unlearn: unlearn
47  },
48  success: function(res){
49      //console.info(that.data.list);
50    var list = that.data.list;
51    for(var i = 0; i < res.data.list.length; i ++){
52    list.push(res.data.list[i]);
53  }
54  that.setData({
55      list: list
56  });
57  page ++;
58  that.setData({
59      hidden: true
60  });
61  }
62  });
63  }
64  Page({
65    data: {
```

```
66        hidden: true,
67        list: [],
68        scrollTop: 0,
69        scrollHeight: 0
70      },
71  onLoad: function(){
72  //这里要注意,微信的scroll-view必须设置高度才能监听滚动事件,所以需要在页
面的onLoad事件中为scroll-view的高度赋值
74  var that = this;
75  wx.getSystemInfo({
76    success: function(res){
77      that.setData({
78          scrollHeight: res.windowHeight
79      });
80    }
81  });
82  loadMore(that);
83  },
84  //页面滑动到底部
85  bindDownLoad: function(){
86      var that = this;
87      loadMore(that);
88      console.log("lower");
89  },
90  scroll: function(event){
91  //该方法绑定了页面滚动时的事件,这里记录了当前的position.y的值,为了在请求
数据后把页面定位到这里
93      this.setData({
94      scrollTop: event.detail.scrollTop
95      });
96  },
97  topLoad: function(event){
```

```
98    //该方法绑定了页面滑动到顶部的事件,然后做页面上拉刷新
99    page = 0;
100   this.setData({
101     list: [],
102     scrollTop: 0
103     });
104     loadMore(this);
105     console.log("lower");
106     }
107   })
108   //scroll-view.wxss
109   .userinfo {
110     display:flex;
111     flex-direction:column;
112     align-items:center;
113   }
115   .userinfo-avatar {
116     width:128rpx;
117     height:128rpx;
118     margin:20rpx;
119     border-radius:50%;
120   }
121
122   .userinfo-nickname {
123       color:#aaa;
124   }
126   .usermotto {
127       margin-top:200px;
128   }
130   /* */
```

```
132  scroll-view {
133      width:100% ;
134  }

136  .item {
137      width:90% ;
138      height:300rpx;
139      margin:20rpxauto;
140      background:brown;
141      overflow:hidden;
142  }

143  .item.img {
144      width:430rpx;
145      margin-right:20rpx;
146      float:left;
147  }

148  .title {
149      font-size:30rpx;
150      display:block;
151      margin:30rpxauto;
152  }

153  .description {
154      font-size:26rpx;
155      line-height:15rpx;
156  }
```

运行效果如图 4-2 所示。

4.2.3 swiper

swiper 组件可以实现轮播图、图片预览、滑动页面等效果。一个完整的 swiper 组件由 <swiper/> 和 <swiper-item/> 两个标签组成，它们不能单独使用。 <swiper/> 中只能放置一个或多个 <swiper-item/> ，若放置其他组件则会被删除； <swiper-item/> 内部可以放置任何组件，默认宽高自动设置为100% 。swiper 组件的属性如表 4-3 所示。

图 4 - 2　scroll - view 下拉刷新和上拉加载更多

表 4 - 3　swiper 组件属性

属性名	类型	默认值	说明
indicator - dots	Boolean	false	是否显示面板指示点
autoplay	Boolean	false	是否自动切换
current	Number	0	当前所在页面的 index
interval	Number	5 000	自动切换时间间隔（ms）
duration	Number	1 000	滑动动画时长（ms）
bindchange	EventHandle	—	current 改变时会触发 change 事件，event. detail = {current：current}

　　< swiper - item/ >组件为滑块项组件，仅可以被放置在 < swiper/ >组件中，宽高尺寸默认按 100% 显示。

　　设置 swiper 组件，可以实现轮播图效果，代码如下：

```
//swiper.wxml
< swiper  indicator - dots ='true' autoplay ='true' interval ='5000' duration ='1000' >
    < swiper - item >
        < image src ="/image/1.jpg" style ="width:100% " > < /image >
    < /swiper - item >
    < swiper - item >
```

```
        <image src="/image/2.jpg" style="width:100%"></image>
    </swiper-item>
    <swiper-item>
        <image src="/image/3.jpg" style="width:100%"></image>
    </swiper-item>
</swiper>
```

运行效果如图4-3所示。

图4-3　swiper 组件运行效果示意

4.3　基础内容组件

基础内容组件包括 icon、text 和 progress，主要用于在视图页面中展示图标、文本和进度条等信息。

4.3.1　icon

icon 组件即图标组件，通常用于表示一种状态，如 success、info、warn、waiting、cancel 等。其属性如表4-4所示。

表4-4　icon 组件属性

属性名	属性值	说明
type	String	icon 类型，有效值为 success、success_no_circle、info、warn、waiting、cancel、download、search、clear
size	Number	icon 的大小，默认值为 23 px
color	Color	icon 的颜色，类似 CSS 中的 color

示例代码如下：

```
    //icon.wxml
<view> icon 类型:
    <block  wx:for = "{{iconType}}" >
        <icon type = "{{item}}"/>{{item}}
    </block>
</view>
<view>icon 大小:
    <block  wx:for = "{{iconSize}}" >
        <icon type = "success" size = "{{item}}"/>{{item}}
    </block>
</view>
<view>icon 颜色:
    <block wx:for = "{{iconColor}}" >
        <icon type = "success" size = "30" color = "{{item}}"/>{{item}}
    </block>
</view>
//icon.js
//pages/icon/icon.js
Page({
  data: {
  iconType:["success","success_no_circle","info","warn","wait-
ing","cancel","download","search","clear"],
    iconSize:[10,20,30,40],
    iconColor:['#f00','#0f0','#00f']
  }
})
```

运行效果如图 4 - 4 所示。

4.3.2 text

text 组件用于展示内容，类似 HTML 中的 <span>，text 组件中的内容支持长按选中，支持转义字符"\"，属于行内元素。text 组件的属性如表 4 - 5 所示。

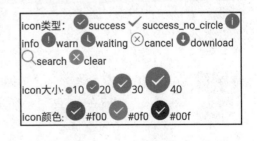

图 4 - 4 icon 组件运行效果示意

表 4 - 5   text 组件属性

属性名	类型	默认值	说明
selectable	Boolean	false	文本是否可选
space	Boolean	false	显示连续空格
decode	Boolean	false	是否解码

示例代码如下:

```
//text.wxml
<block wx:for = "{{x}}" wx:for - item = "x" >
    <view class = "aa" >
        <block wx:for = "{{25 - x}}" wx:for - item = "x" >
            <text decode = "{{true}}" space = "{{true}}" > 
</text >
        </block >
        <block wx:for = "{{y}}" wx:for - item = "y" >
            < block wx:if = "{{y < =2 * x -1}}" >
                <text > * </text >
            </block >
        </block >
    </view >
</block >


<block wx:for = "{{x}}" wx:for - item = "x" >
    <view class = "aa" >
        <block wx:for = "{{39 +x}}" wx:for - item = "x" >
            <tex t decode = "{{true}}" space = "{{true}}" > 
</text >
        </block >
        <block wx:for = "{{y}}" wx:for - item = "y" >
            <block wx:if = "{{y < =11 -2 * x}}" >
                <text > * </text >
            </block >
        </block >
    </view >
```

```
</block>
//text.js
Page({
  data:{
    x:[1,2,3,4,5],
    y:[1,2,3,4,5,6,7,8,9]
  }
})
```

```
      *
     ***
    *****
   *******
  *********
   *******
    *****
     ***
      *
```

运行效果如图4-5所示。

图4-5 text 组件运行 效果示意

4.3.3 progress

progress 组件用于显示进度状态,如资源加载、用户资料完成度、媒体资源播放进度等。progress 组件属于块级元素,其属性如表4-6所示。

表4-6 progress 组件属性

属性名	类型	默认值	说明
percent	Float	无	百分比(0~100)
show-info	Boolean	false	是否在进度条右侧显示百分比
stroke-width	Number	6	进度条的宽度,单位为 px
color	Number	#09BB07	进度条颜色
active	Boolean	false	是否以动画方式显示进度条

示例代码如下:

```
<view>显示百分比</view>
<progress percent='80' show-info='80'></progress>
<view>改变宽度</view>
<progress percent='50' stroke-width='2'></progress>
<view>自动显示进度条</view>
<progress percent='80' active></progress>
```

运行效果如图4-6所示。

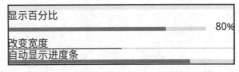

图4-6 progress 组件运行效果示意

4.4　表单组件

表单组件的主要功能是收集用户信息，并将这些信息传递给后台服务器，实现小程序与用户之间的沟通。表单组件不仅可以放置在 < form/ > 标签中使用，还可以作为单独组件和其他组件混合使用。

4.4.1　button

button 组件用来实现用户和应用之间的交互，同时按钮的颜色起引导作用。一般来说，在一个程序中一个按钮至少有 3 种状态：默认点击（default）、建议点击（primary）、谨慎点击（warn）。在构建项目时，应在合适的场景使用合适的按钮，当 < button > 被 < form/ > 包裹时，可以通过设置 form – type 属性来触发表单对应的事件。button 组件的属性如表 4 – 7 所示。

表 4 – 7　button 组件属性

属性名	类型	默认值	说明
size	String	default	按钮的大小，其值包括 default、mini
type	String	default	按钮的类型，其值包括 default、primary、warn
plain	Boolean	false	按钮是否镂空，背景色透明
disabled	Boolean	false	是否禁用
loading	Boolean	false	名称前是否显示 loading 图标
form – type	String	无	有效值为 submit 和 reset。用于 < form/ > 组件，点击后会分别触发 submit 事件、reset 事件
hover – class	String	button – hover	点击按钮时的样式

示例代码如下：

```
//button.wxml
< button type = "default" >type:default < /button >
< button type = "primary" >type:primary < /button >
< button type = "warn" >type:warn < /button >
< button type = "default" bindtap = 'buttonSize' size = "{{size}}" >改变 size < /button >
< button type = "default" bindtap = 'buttonPlain' plain = "{{plain}}" >改变 plain < /button >
< button type = "default" bindtap = 'buttonLoading' loading = "{{loading}}" >改变 loading 显示 < /button >
```

```
//button.js
Page({
data: {
   size: 'default',
   plain: 'false',
   loading: 'false'
},
//改变按钮的大小
buttonSize: function(){
    if(this.data.size == "default")
      this.setData({ size: 'mini' })
    else
      this.setData({ size: 'default' })
},
//是否显示镂空
buttonPlain: function(){
     this.setData({ plain: ! this.data.plain })
},
//是否显示 loading 图案
buttonLoading: function(){
    this.setData({ loading: ! this.data.loading })
}
})
```

运行效果如图 4 – 7 所示。

4.4.2 radio

单选框用来从一组选项中选取一个选项。在小程序中，单选框由 < radio – group/ >（单项选择器）和 < radio/ >（单选项目）两个组件组合而成，一个包含多个 < radio/ > 的 < radio – group/ > 表示一组单选项，在同一组单选项中 < radio/ > 是互斥的，当一个按钮被选中后，之前选中的按钮就变为非选。它们的属性如表 4 – 8 所示。

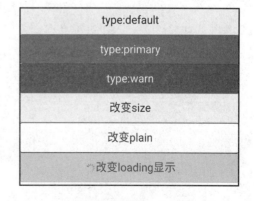

图 4 – 7　button 组件运行效果示意

表 4 – 8　radio – group 及 radio 组件属性

组件	属性名	类型	说明
radio – group	bindchange	EventHandle	当 < radio – group/ > 中的选中项发生变化时，触发 change 事件，event. detail = {value:选中项 radio 的 value}
radio	value	String	当 < radio/ > 选中时，< radio – group/ > 的 change 事件会携带 < radio/ > 的 value
	checked	Boolean	当前是否选中，默认为 false
	disabled	Boolean	是否禁用，默认为 false
	color	Color	radio 的颜色，同 CSS

示例代码如下：

```
//radio.wxml
<view >选择您喜爱的城市:</view >
<radio - group  bindchange = "citychange" >
    <radio value = "西安" >西安</radio >
    <radio value = "北京" >北京</radio >
    <radio value = "上海" >上海</radio >
    <radio value = "广州" >广州</radio >
    <radio value = "深圳" >深圳</radio >
</radio - group >
<view >你的选择:{{city}}</view >

<view >选择您喜爱的计算机语言:</view >
<radio - group class = "radio - group" bindchange = "radiochange" >
    <label class = "radio" wx:for = "{{radios}}" >
        <radio value = "{{item.value}}" checked = "{{item.checked}}"/>
{{item.name}}
    </label >
</radio - group >
<view >你的选择:{{lang}}</view >

//radio.js
Page({
    data:{
        radios:[
```

```
            { name: 'java',value: 'JAVA' },
            { name: 'python',value: 'Python',checked: 'true' },
            { name: 'php',value: 'PHP' },
            { name: 'swif',value: 'Swif' },
        ],
        city:",
        lang:"
    },
    citychange: function(e){
        this.setData({ city: e.detail.value });
    },
    radiochange: function(event){
        this.setData({ lang: event.detail.value });
        console.log(event.detail.value)
    }
})
```

运行效果如图 4 - 8 所示。

4.4.3 checkbox

复选框用于从一组选项中选取多个选项，小程序中复选框由 < checkbox - group/ > （多项选择器）和 < checkbox/ > （多选项目）两个组件

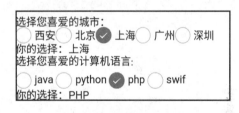

图 4 - 8 radio 组件运行效果示意

组合而成。一个 < checkbox - group/ > 表示一组选项，可以在一组选项中选中多个选项。它们的属性如表 4 - 9 所示。

表 4 - 9 checkbox - group 及 checkbox 组件属性

组件	属性名	类型	默认值	说明
checkbox - group	bindchange	EventHandle	—	当 < checkbox - group/ > 中的选中项发生变化时，触发 change 事件，event. detail = { value：选中项 checkbox 的 value 数组}
checkbox	value	String	—	当 < checkbox/ > 选中时，< checkbox - group/ > 的 change 事件会携带 < checkbox/ > 的 value
	checked	Boolean	false	当前是否选中
	disabled	Boolean	false	是否禁用
	color	Color	—	checkbox 的颜色，同 CSS

示例代码如下：

```
//checkobx.wxml
<view>选择您想去的城市:</view>
<checkbox-group bindchange="cityChange">
<label wx:for="{{citys}}">
<checkbox value="{{item.value}}" checked='{{item.checked}}'>
    {{item.value}}
</checkbox>
</label>
</checkbox-group>
<view>您的选择是:{{city}}</view>


//checkbox.js
Page({
    city: ",
    data: {
     citys: [
        { name: 'km',value: '昆明'},
        { name: 'sy',value: '三亚'},
        { name: 'zh',value: '珠海',checked: 'true'},
        { name: 'dl',value: '大连'}]
     },
    cityChange: function(e){
        console.log(e.detail.value);
        var city = e.detail.value;
        this.setData({ city: city })
    }
})
```

运行效果如图4-9所示。

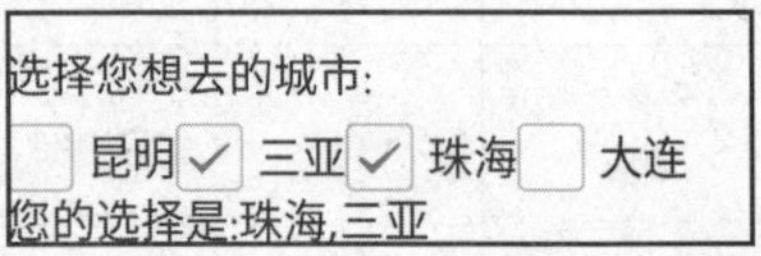

4.4.4 switch

switch 组件的作用类似开关选择器，其属性如表4-10所示。

选择您想去的城市:
☐ 昆明 ✓ 三亚 ✓ 珠海 ☐ 大连
您的选择是:珠海,三亚

图4-9 checkbox 组件运行效果示意

表 4 – 10　switch 组件属性

属性名	类型	默认值	说明
checked	Boolean	false	是否选中
type	String	switch	样式，其值包括 switch 和 checkbox
bindchange	EventHandle	—	当 checked 改变时，触发 change 事件，event. detail = {value: checked}

示例代码如下：

```
//switch.wxml
<view >
    <switch bindchange = "sw1" >{{var1}} </switch >
</view >
<view >
    <switch checked bindchange = "sw2" >{{var2}} </switch >
</view >
<view >
    <switch  type = "checkbox" bindchange = "sw3" >{{var3}} </switch >
</view >
//switch.js
Page({
  data:{
    var1:'关',
    var2:'开',
    var3:'未选'
  },
sw1: function(e){
    this.setData({ var1: e.detail.value ?'开':'关'})
},
sw2: function(e){
    this.setData({ var2: e.detail.value ?'开':'关'})
},
sw3: function(e){
    this.setData({ var3: e.detail.value ?'已选':'未选'})
}
})
```

运行效果如图4－10所示。

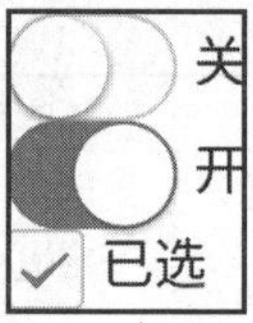

4.4.5 slider

slider 组件为滑动选择器，可以通过滑动来设置相应的值，其属性如表4－11所示。

图4－10　switch 组件运行效果示意

表4－11　slider 组件属性

属性名	类型	默认值	说明
min	Number	0	最小值
max	Number	100	最大值
step	Number	1	步长，能被 min/max 整除
disabled	Boolean	false	是否禁用
color	Color	#e9e9e9	背景条颜色
selected－color	Color	#1aad19	已选定颜色
value	Number	0	当前取值
show－value	Boolean	false	是否显示当前 value
bindchange	EventHandle	—	完成滑动触发的事件，event:detail = {value:value}

示例代码如下：

```
//slider.wxml
<view>默认 min =0 max =100 step =1 </view>
<slider></slider>

<view>显示当前值</view>
<slider  show-value></slider>
<view>设置 min =20 max =200 step =10 </view>
<slider min ='0' max ='200' step ='10'show-value></slider>

<view>背景条红色,已选定颜色绿色</view>
<slider color ="#f00" selected-color ='#0f0'></slider>

<view>滑动改变 icon 的大小</view>
<slider show-value  bindchange ='sliderchange'></slider>
<icon type ="success" size ='{{size}}'></icon>
//slider.js
```

```
Page({
    data: {
    size: '20'
    },
sliderchange: function(e){
    this.setData({ size: e.detail.value })
    }
})
```

运行效果如图4-11所示。

4.4.6 picker

picker组件为滚动选择器，当用户
点击picker组件时，系统从底部弹出
选择器供用户选择。picker组件目前支
持5种选择器，分别是：selector（普
通选择器）、multiSelector（多列选择
器）、time（时间选择器）、date（日期
选择器）、region（省市选择器）。

图4-11 slider组件运行效果示意

1. 普通选择器

普通选择器（mode = selector）的
属性如表4-12所示。

表4-12 picker组件中selector选择器属性

属性名	类型	默认值	说明
range	Array/ObjectArray	[ ]	当mode为selector时，range有效
value	Number	0	value的值表示选择了range的第几个
range-key	String	—	当range是ObjectArray时，通过range-key来指定Object中key的值作为选择器中显示内容
disable	Boolean	false	是否禁用
bindchange	EventHandle	—	value改变时，触发change事件，event. detail = { value:value}

示例代码如下：

```
//picker.wxml
<view >---- range 为数组 ---< /view >
```

```
< picker range = " {{array}}" value = " {{index1}}" bindchange =
'arrayChange' >
    当前选择:{{array[index1]}}
</picker >


<view >---range 为数组对象 --</view >
<picker
  bindchange = "objArrayChange" value = "{{index2}}" range - key = "
name" range = "{{objArray}}" >
      当前选择:{{objArray[index2].name}}
</picker >


//picker.js
Page({
    data:{
        array:['Java','Python','C','C#'],
        objArray:[
            {id:0,name:'Java'},
            {id:1,name:'Python'},
            {id:2,name:'C'},
            {id:3,name:'C#'}
        ],
    index1:0,
    index2:0
    },
arrayChange:function(e){
    console.log('picker 值变为 ',e.detail.value)
    var index = 0;
    this.setData({
    index1:e.detail.value
    })
    },
objArrayChange:function(e){
    console.log('picker 值变为 ',e.detail.value)
```

```
this.setData({
  index2: e.detail.value
  })
  }
})
```

运行效果如图4-12所示。

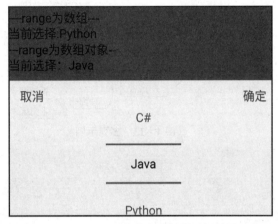

图 4 - 12 picker 组件普通选择器运行效果示意

2. 多列选择器

多列选择器（mode = multiSelector）允许用户从不同列中选择不同的选择项，其选项是二维数组或数组对象。多列选择器的属性如表4-13所示。

表 4 - 13 picker 组件 multiSelector 选择器属性

属性名	类型	默认值	说明
range	二维 Array 或 ObjectArray	[ ]	二维数组，长度表示多少列，数据的每项表示每列的数据，如[[ ],[ ]]
range - key	String	—	当 range 是 ObjectArray 时，通过 range - key 来指定 Object 中 key 的值作为在选择器中显示的内容
value	Array	[ ]	value 的值表示选择了 range 的第几个
bindchange	EventHandle	—	value 的值改变时，触发 change 事件
bindcolumnchange	EventHandle	—	当某一列的值改变时，触发 columnchange 事件，event. detail = {column: column, value: value}，column 的值表示改变了第几列（下标从 0 开始），value 的值表示变更值的下标
disabled	Boolean	false	是否禁用

例如，简写代码实现如图 4 – 13 所示的省、市、县三级联动选择功能。

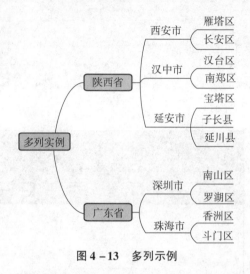

图 4 – 13 多列示例

示例代码如下：

```
//picker2.wxml

<view>多列选择器</view>
< picke rmode = " multiSelector " bindchange = " bindMultiPicker-
Change" bindcolumnchange = "bindMultiPickerColumnChange"
value = "{{multiIndex}}"
range = "{{multiArray}}" >
  <view>
  当前选择:{{multiArray[0][multiIndex[0]]}},{{multiArray[1][multi-
Index[1]]}},{{multiArray[2][multiIndex[2]]}}
  </view>
</picker>

//pick2.js
Page({
data: {
multiArray:[['陕西省','广东省'],['西安市','汉中市','延安市'],['雁塔区','
长安区']],
  multiIndex:[0,0,0]
},
```

```
//绑定 Multipicker
bindMultiPickerChange: function(e){
    console.log('picker 发送选择改变,携带值为 ',e.detail.value)
    this.setData({
            multiIndex: e.detail.value
        })
},
//绑定 MultiPickerColumn
bindMultiPickerColumnChange: function(e){
    console.log('修改的列为 ',e.detail.column,',值为 ',e.detail.value);
    var data = {
            multiArray: this.data.multiArray,
            multiIndex: this.data.multiIndex
        };
    data.multiIndex[e.detail.column] = e.detail.value;
    switch(e.detail.column){
    case0:
        switch(data.multiIndex[0]){
        case0:
            data.multiArray[1] = ['西安市','汉中市','延安市'];
            data.multiArray[2] = ['雁塔区','长安区'];
            break;
        case1:
            data.multiArray[1] = ['深圳市','珠海市'];
            data.multiArray[2] = ['南山区','罗湖区'];
            break;
        }
    data.multiIndex[1] = 0;
    data.multiIndex[2] = 0;
    break;
    case1:
        switch(data.multiIndex[0]){
            case0:
        switch(data.multiIndex[1]){
```

```
        case0:
            data.multiArray[2] = ['雁塔区','长安区'];
            break;
        case1:
            data.multiArray[2] = ['汉台区','南郑区'];
            break;
        case2:
            data.multiArray[2] = ['宝塔区','子长县','延川县'];
            break;
        }
    break;
    case1:
        switch(data.multiIndex[1]){
            case0:
                data.multiArray[2] = ['南山区','罗湖区'];
                break;
            case1:

                data.multiArray[2] = ['香洲区','斗门区'];
                break;
            }
            break;
        }
    data.multiIndex[2] = 0;
    console.log(data.multiIndex);
    break;
}
this.setData(data);
},
})
```

运行效果如图4-14所示。

3. 时间选择器、日期选择器

时间选择器（mode = time）可以用于从提供的时间选项中选择相应的时间，其属性如表4-14所示。

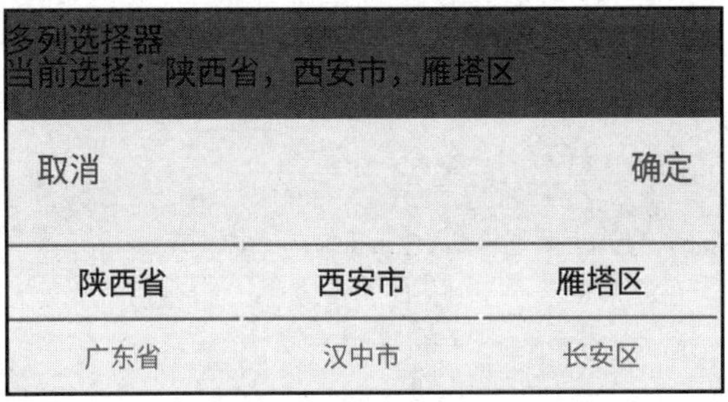

多列选择器
当前选择：陕西省，西安市，雁塔区

取消		确定
陕西省	**西安市**	**雁塔区**
广东省	汉中市	长安区

图4-14　picker组件多列选择器运行效果示意

表4-14　picker组件time选择器属性

属性名	类型	说明
value	String	表示选中的时间，格式为hh:mm
start	String	表示有效时间范围的开始，字符串格式为hh:mm
end	String	表示有效时间范围的结束，字符串格式为hh:mm
disabled	Boolean	是否禁用，默认为false
bindchange	EventHandle	value改变时触发change事件，event.detail={value:value}

日期选择器（mode=date）可以用于从提供的日期选项中选择相应的日期，其属性如表4-15所示。

表4-15　picker组件date选择器属性

属性名	类型	说明
value	String	表示选中的日期，格式为yyyy-MM-dd
start	String	表示有效日期范围的开始，格式为yyyy-MM-dd
end	String	表示有效日期范围的结束，格式为yyyy-MM-dd
fields	String	表示选择器的粒度，有效值包括year、month、day，默认为day
disabled	Boolean	是否禁用，默认为false
bindchange	EventHandle	value改变时触发change事件，event.detail={value:value}

示例代码如下：

```
//picker-datetime.wxml
<view>
<picker mode="date" start="{{startdate}}" end="{{enddate}}" value="{{date}}" bindchange="changedate">
```

```
选择的日期:{{date}}
</picker>
</view>
<view>
<picker mode = "time" start = "{{starttime}}" end = "{{endtime}}"
bindchange = "changetime" >
选择的时间:{{time}}
</picker>
</view>

//picker-datetime.js
Page({
    data: {
        startdate: 2000,
        enddate: 2050,
        date: '2018',
        starttime: '00:00',
        endtime: '12:59',
        time: '8:00'
    },
    changedate: function(e){
        this.setData({ date: e.detail.value });
        console.log(e.detail.value)
    },
    changetime: function(e){
        this.setData({ time: e.detail.value })
        console.log(e.detail.value)
    }
})
```

运行效果如图 4-15 所示。

4. 省市选择器

省市选择器（mode = region）是小程序的新版本提供的选择快速地区的组件，其属性如表 4-16 所示。

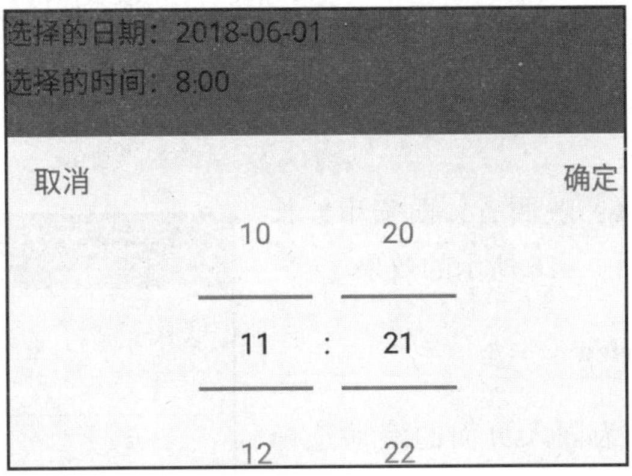

图4-15 picker 组件时间选择器/日期选择器运行效果示意

表4-16 picker 组件 region 选择器属性

属性名	类型	说明
value	[ ]	表示选中的省市区，默认选中每一列的第一个值
custom - item	String	可为每一列的顶部添加一个自定义项
disabled	Boolean	是否禁用，默认为 false
bindchange	EventHandle	value 改变时触发 change 事件，event. detail = {value:value}

示例代码如下：

```
//picker - region.wxml
<picker mode = "region" value = "{{region}}" custom - item = "{{cust-
omitem}}" bindchange = "changeregion" >
    选择省市区:{{region[0]}},{{region[1]}},{{region[2]}}
</picker>


//picker - region.js
Page({
    data:{
        region:['陕西省','西安市','长安区'],
        customitem:'全部'
    },
    changeregion: function(e){
        console.log(e.detail.value)
        this.setData({
        region: e.detail.value
```

```
        })
    }
})
```

单击"选择省市区：陕西省，西安市，长安区"后，会出现如图4-16所示的效果。

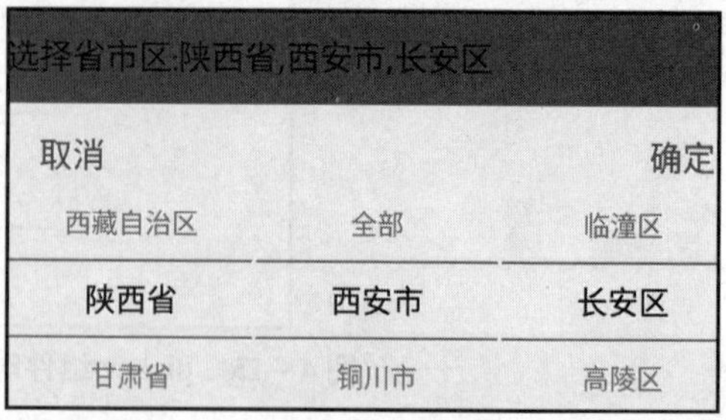

4.4.7　picker-view

picker-view 组件为嵌入页面的滚动选择器。相对于 picker 组件，picker-view 组件的列的个数和列的内容由用户通过 <picker-view-column/> 自定义设置。picker-view 组件的属性如表4-17所示。

图4-16　picker 组件省市选择器运行效果示意

表4-17　picker-view 组件属性

属性名	类型	说明
value	[]	数组中的数字依次表示 picker-view 内的 picker-view-colume 选择的第几项（下标从 0 开始），当数字大于 picker-view-column 的可选项长度时，选择最后一项
indicator-style	String	设置选择器中间选中框的样式
indicator-class	String	设置选择器中间选中框的类名
mask-style	String	设置蒙层的样式
mask-class	String	设置蒙层的类名
bindchange	EventHandle	当进行滚动选择（value 的值改变）时，触发 change 事件，event. detail = {value:value}；value 为数组，表示 picker-view 内的 picker-view-column 当前选择的是第几项（下标从 0 开始）

示例代码如下：

```
//picker-view.wxml
<view> 当前日期:{{year}}年{{month}}月{{day}}日 </view>
<picker-view indicator-style="height:50px;" style="width:
100%;height:300px;" value="{{value}}" bindchange="bindChange">
    <picker-view-column>
        <view wx:for="{{years}}" style="line-height:50px">
{{item}}年 </view>
    </picker-view-column>
```

```
        < picker – view – column >
            < view wx:for = "{{months}}" style = "line – height:50px" >
{{item}}月 < /view >
        < /picker – view – column >
        < picker – view – column >
            < view wx:for = "{{days}}" style = "line – height:50px" >
{{item}}日 < /view >
        < /picker – view – column >
    < /picker – view >


//picker – view.js
const date = new Date( )
const years = [ ]
const months = [ ]
const days = [ ]
//定义年份
for( let i = 1900; i < = 2050; i ++ ){
    years.push( i )
}
//定义月份
for( let i = 1; i < = 12; i ++ ){
    months.push( i )
}
//定义日期
for( let i = 1; i < = 31; i ++ ){
    days.push( i )
}

Page({
    data:{
        years:years,
        months:months,
        days:days,
        year:date.getFullYear( ),
```

```
        month:date.getMonth() +1,
        day: date.getDate(),
        value: [118,0,0], //定位到2018年1月1日
    },
bindChange: function(e){
    const val = e.detail.value
    console.log(val);
    this.setData({
        year: this.data.years[val[0]],
        month: this.data.months[val[1]],
        day: this.data.days[val[2]]
    })
    }
})
```

运行效果如图 4 – 17 所示。

当前日期: 2018年6月1日

2016年	4月	
2017年	5月	
2018年	6月	1日
2019年	7月	2日
2020年	8月	3日

图 4 – 17　picker – view 组件运行效果示意

4.4.8　input

input 组件为输入框, 用户可以输入相应的信息, 其属性如表 4 – 18 所示。

表 4 – 18　input 组件属性

属性名	类型	说明
value	String	输入框的初始内容
type	String	input 的类型, 有效值有 text、number、idcard (身份证号)、digit、time、date, 默认值为 text

属性名	类型	说明
password	Boolean	是否是密码类型，默认值为 false
placeholder	String	输入框为空时占位符
placeholder – style	String	指定 placeholder 的样式
placeholder – class	String	指定 placeholder 的样式类，默认值为 input – placeholder
disabbled	Boolean	是否禁用，默认值为 false
maxlength	Number	最大输入长度。设置为 – 1 则表示不限制最大长度。默认值为 140
cursor – spacing	Number	指定光标与键盘的距离，单位为 px。取 input 距底部的距离和 cursor – spacing 指定距离的最小值作为光标与键盘的距离
auto – focus	Boolean	自动聚焦，拉起键盘（即将废弃），默认值为 false
focus	Boolean	获取焦点，默认值为 false
confirm – type	String	设置键盘右下角按钮的文字，有效值包括 send、search、go、next、done，默认值为 done
confirm – hold	Boolean	点击键盘右下角按钮时是否保持键盘不收起，默认值为 false
cursor	Number	指定 focus 时的光标位置
bindchange	EventHandle	当键盘输入时，触发 input 事件，event. detail = {value,cursor}，处理函数可以直接 return 一个字符串，将替换输入框的内容
bindinput	EventHandle	输入框聚焦时触发，event. detail = {value:value}
bindfocus	EventHandle	输入框失去焦点时触发，event. detail = {value:value}
bindblur	EventHandle	点击“完成”按钮时触发，event. detail = {value:value}

示例代码如下：

```
//input.wxml
<input placeholder = "这是一个可以自动聚焦的 input" auto – focus/>
<input placeholder = "这个只有在按钮点击的时候才聚焦" focus = "{{focus}}" />
<button bindtap = "bindButtonTap" >使得输入框获取焦点 </button>
<input maxlength = "10" placeholder = "最大输入长度为10" />
<view class = "section__title" >你输入的是:{{inputValue}} </view>
    <input bindinput = "bindKeyInput" placeholder = "输入同步到 view 中"/>
</view>
<input bindinput = "bindReplaceInput" placeholder = "连续的两个1会变成2" />
```

```
< input password type = "number" />
< input password type = "text" />
< input type = "digit" placeholder = "带小数点的数字键盘" />
< input type = "idcard" placeholder = "身份证输入键盘" />
< input placeholder - style = "color:red" placeholder = "占位符字体是红
色的" />

//input.js
Page({
data: {
    focus: false,
    inputValue: "
},
bindButtonTap: function(){
    this.setData({
    focus: true
    })
},
bindKeyInput: function(e){
    this.setData({
    inputValue: e.detail.value
    })
},
bindReplaceInput: function(e){
    var value = e.detail.value
    var pos = e.detail.cursor
    if(pos ! = -1){
    //光标在中间
    var left = e.detail.value.slice(0,pos)
    //计算光标的位置
    pos = left.replace(/11/g,'2').length
    }

    //直接返回对象,可以对输入进行过滤处理,同时可以控制光标的位置
```

```
      return {
      value: value.replace( /11/g,'2'),
      cursor: pos
  }

  //或者直接返回字符串,光标在最后边
  //return value.replace( /11/g,'2'),
  }
  })
```

运行效果如图 4 – 18 所示。

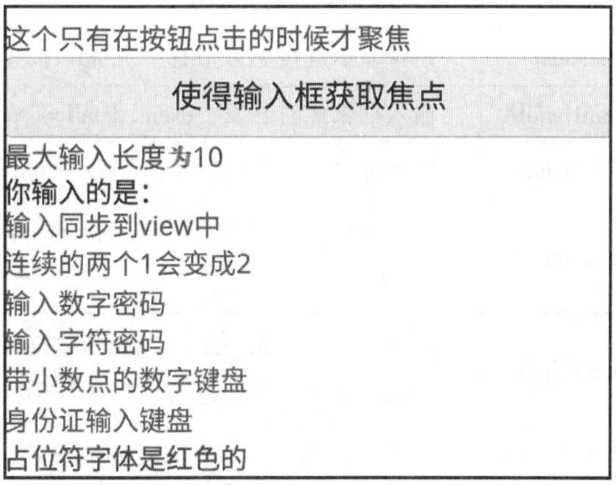

图 4 – 18　input 组件运行效果示意

4. 4. 9　textarea

textarea 组件为多行输入框组件，可以实现多行内容的输入。textarea 组件的属性如表 4 – 19所示。

表 4 – 19　textarea 组件属性

属性名	类型	说明
value	String	输入框的初始内容
placeholder	String	输入框为空时占位符
placeholder – style	String	指定 placeholder 的样式
placeholder – class	String	指定 placeholder 的样式类，默认为 input – placeholder
disabled	Boolean	是否禁用，默认为 false
maxlength	Number	最大输入长度。设置为 – 1 时，表示不限制最大长度
auto – focus	Boolean	自动聚焦，拉起键盘（即将废弃），默认值为 false

属性名	类型	说明
focus	Boolean	获取焦点，默认值为 false
auto – height	Boolean	是否自动增高，设置 auto – height 时 style. height 不生效，默认为 false
fixed	Boolean	如果 textarea 是在一个 position：fixed 的区域，需要显示指定属性 fiexed 为 true，默认值为 false
cursor – spacing	Number	指定光标与键盘的距离，单位为 px 。取 input 距底部的距离和 cursor – spacing 指定距离的最小值作为光标与键盘的距离，默认值为 0
cursor	Number	指定 focus 时的光标位置
show – confirm – bar	Boolean	是否显示键盘上方带有"完成"按钮那一栏，默认值为 true
bindfocus	EventHandle	输入框聚焦时触发，event. detail = {value：value}
bindblur	EventHandle	输入框失去焦点时触发，event. detail = {value：value}
bindchange	EventHandle	输入框行数变化时调用，event. detail = {height：0, heightRpx：0, line-count：0}
bindinput	EventHandle	当键盘输入时，触发 input 事件，event. detail = {value, cursor} ，bindinput 处理函数的返回值并不会反映到 textarea 上
bindconfirm	EventHandle	点击"完成"时，触发 confirm 事件，event. detail = {value：value}

示例代码如下：

```
//textarea.wxml
<textarea bindblur = "bindTextAreaBlur" auto – height placeholder = "自动变高" />
<textarea placeholder = "placeholder 颜色是红色的" placeholder - style = "color：red；" />
<textarea placeholder = "这是一个可以自动聚焦的 textarea" auto - focus/>
<textarea placeholder = "这个只有在按钮点击的时候才聚焦" focus = "{{focus}}" />
<button bindtap = "bindButtonTap" >使得输入框获取焦点 </button >
<form bindsubmit = "bindFormSubmit" >
    <textarea placeholder = "form 中的 textarea" name = "textarea" />
    <button form – type = "submit" > 提交 </button >
```

```
</form>

//textarea.js
Page({
    data:{
        height:10,
        focus:false
    },
    bindButtonTap:function(){
        this.setData({
        focus:true
        })
    },
    bindTextAreaBlur:function(e){
        console.log(e.detail.value)
    },
    bindFormSubmit:function(e){
        console.log(e.detail.value.textarea)
    }
})
```

运行效果如图 4 – 19 所示。

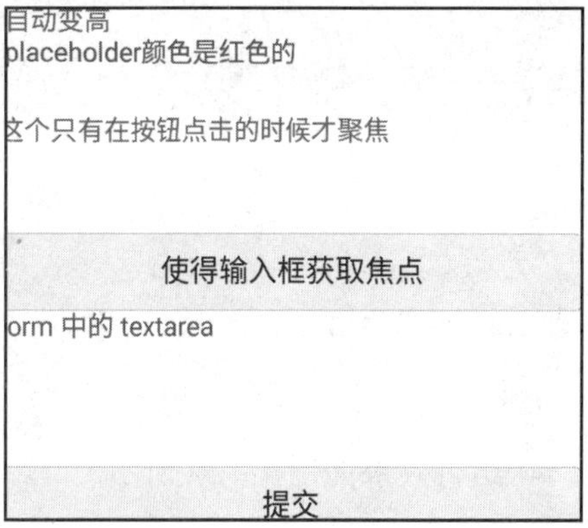

4. 4. 10   label

label 组件为标签组件,用于提升表单组件的可用性。label 组件支持使用 for 属性找到对应的 id,或者将控件放在该标签下,当点击 label 组件时,就会触发对应的控件。for 属性的优先级高于内部控件,内部有多个控件的时候默认触发第一个控件。

目前,label 组件可以绑定的控件有 <button/ >、<checkbox/ >、<radio/ >、<switch/ >。

示例代码如下:

图 4 – 19   textarea 组件运行效果示意

```
//label.wxml
<!-- 单击中国不能选择/取消复选框 -->
```

```
<view><checkbox></checkbox>中国</view>
<!-- 单击"中国"可以选择/取消复选框 -->
<view><label><checkbox></checkbox>中国</label></view>
<!-- 使用 for 找到对应的 id -->
<checkbox-group bindchange="cityChange">
<label wx:for="{{citys}}">
<checkbox value="{{item.value}}" checked='{{item.checked}}'>
{{item.value}}</checkbox>
</label>
</checkbox-group>
<view>您的选择是:{{city}}</view>
//label.js
Page({
    city: ",
    data: {
        citys: [
        {name:'km',value:'昆明'},
        {name:'sy',value:'三亚'},
        {name:'zh',value:'珠海',checked:'true'},
        {name:'dl',value:'大连'}]
    },
    cityChange: function(e){
        console.log(e.detail.value);
        var city = e.detail.value;
        this.setData({city: city})
    }
})
```

运行效果如图 4-20 所示。

4.4.11 form

form 组件为表单组件,用来实现将组件内的用户输入信息进行提交。当<form/>表单中 formType 为 submit 的<button/>组件时,会将表单组件中的 value 值进行提交。form 组件的属性如表 4-20 所示。

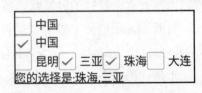

图 4-20 label 组件运行效果示意

表 4 – 20 form 组件属性

属性名	类型	说明
report – submit	Boolean	是否返回 formId 用于发送模板消息，默认为 false
bindsubmit	EventHandle	触发 submit 事件，event. detail = {value：{name：value}, formId}
bindreset	EventHandle	表单重置时触发 reset 事件

示例代码如下：

```
//form.wxml
< form bindsubmit = "formSubmit" bindreset = "formReset" >
<view > 姓名：
    < input type = "text" name = "xm" />
</view >
<view > 性别：
    < radio – group name = "xb" >
        < label >
        < radio value = "男" checked/> 男 < /label >
        < label >
        < radio value = "女" /> 女 < /label >
    < /radio – group >
</view >
<view > 爱好：
    < checkbox – group name = "hobby" >
    < label wx:for = "{{hobbies}}" >
        < checkbox value = "{{item.value}}"
    checked = '{{item.checked}}' >{{item.value}} < /checkbox >
    < /label >
    < /checkbox – group >
</view >
< button formType ='submit'> 提交 < /button >
< button formType ='reset'> 重置 < /button >
< /form >
//form.js
Page({
    hobby: '',
```

```
    data:{
        hobbies:[
        {name:'jsj',value:'计算机',checked:'true'},
        {name:'music',value:'听音乐'},
        {name:'game',value:'玩电竞'},
        {name:'swim',value:'游泳',checked:'true'}]
    },
    formSubmit: function(e){
        console.log('form 发生了 submit 事件,携带数据为:',e.detail.
value)
    },
    formReset: function(){
        console.log('form 发生了 reset 事件')
    }
})
```

运行效果如图4－21所示。

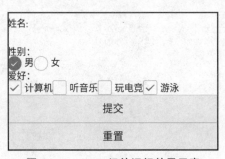

图 4－21　form 组件运行效果示意

4.5　多媒体组件

多媒体组件包括 image（图像）、audio（音频）、video（视频）、camera（相机）组件，使用这些组件，可以让页面更具有吸引力。

4.5.1　image

image 组件为图像组件，与 HTML 中的 < img/ > 类似，系统默认 image 组件的宽度为 300 px、高度为 2 250 px，image 组件的属性如表 4－21 所示。

表 4 – 21 **image 组件属性**

属性名	类型	说明
src	String	图片资源地址
mode	String	图片裁剪、缩放模式，默认值为 scaleToFill
binderror	EventHandle	当错误发生时，发布到 AppService 的事件名称、事件对象，event. detail = {errMsg:"something wrong"}
bindload	EventHandle	当图片载入完毕时，发布到 AppService 的事件名称、事件对象，event. detail = {height:"图片高度 px"，width:"图片宽度 px"}

image 组件中的 mode 属性有 13 种模式，其中缩放模式有 4 种，裁剪模式有 9 种。

1. 缩放模式

■ scaleToFill 不保持纵横比缩放图片，使图片的宽高完全拉伸至填满 image 元素。

■ aspectFit 保持纵横比缩放图片，使图片的长边能完全显示出来。也就是说，可以将图片完整地显示出来。

■ aspectFill 保持纵横比缩放图片，只保证图片的短边能完全显示出来。也就是说，图片通常只在水平或垂直方向是完整的，在另一个方向将会发生截取。

■ widthFix 宽度不变，高度自动变化，保持原图宽高比不变。

示例代码如下：

```
//image.wxml
<block wx:for = "{{modes}}" >
<view >当前图片的模式是:{{item}} </view >
< image mode = "{{item}}" src = "/image/5.jpg" style = "width:100%,
height:100% "/>
< /block >
//image.js
Page({
data:{
modes:['scaleToFill','aspectFit','aspectFill','widthFix']
}
})
```

运行效果如图 4 – 22 所示。

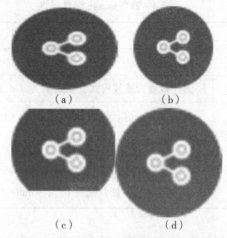

图 4 – 22 **image** 不同缩放模式的表现效果

(a) scaleToFill;（b) aspectFit;（c) aspectFill;（d) widthFix

2. 裁剪模式

■ top 不缩放图片，只显示图片的顶部区域。

■ bottom 不缩放图片，只显示图片的底部区域。

■ center 不缩放图片，只显示图片的中间区域。

■ left 不缩放图片，只显示图片的左边区域。

■ right 不缩放图片，只显示图片的右边区域。

■ top_left 不缩放图片，只显示图片的左上边区域。

■ top_right 不缩放图片，只显示图片的右上边区域。

■ bottom_left 不缩放图片，只显示图片的左下边区域。

■ bottom_right 不缩放图片，只显示图片的右下边区域。

示例代码如下：

```
//image.wxml
<block wx:for = "{{modes}}" >
    <view>当前图片的模式是:{{item}} </view>
    <image mode = "{{item}}" src = "/image/5.jpg" style = "width:
100% ,height:100% "/>
</block>
//image.js
Page({
data: {
    modes:['top', 'center', 'bottom', 'left', 'right', 'top _ left', 'top _
right','bottom_left','bottom_right']
    }
})
```

运行效果如图4-23所示。

通常将图片模式设置为widthFix，然后给图片加一个固定rpx的宽度，这样，图片可以实现自适应。

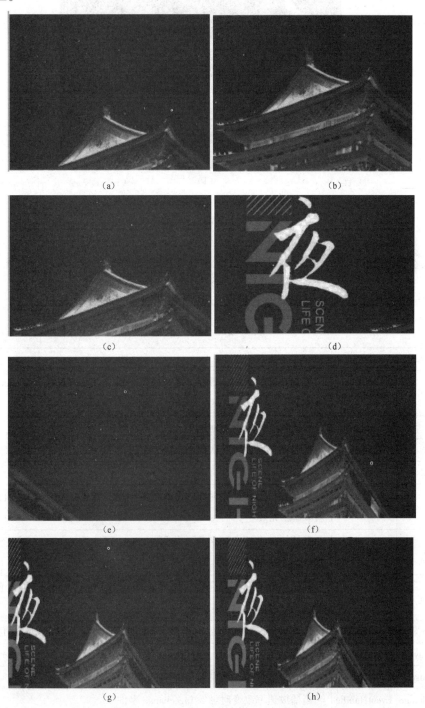

图4-23 image 不同裁剪模式的表现效果

（a）top；（b）bottom；（c）center；（d）left；（e）right；（f）top_right；（g）top_left；（h）bottom_left

（i）

图 4 – 23　image 不同裁剪模式表现效果（续）

（i）bottom_right

4.5.2　audio

audio 组件用来实现音乐播放、暂停等，其属性如表 4 – 22 所示。

表 4 – 22　audio 组件属性

属性名	类型	说明
action	Object	控制音频的播放、暂停、播放速率、播放进度的对象，有 method 和 data 两个参数
src	Sting	要播放音频的资源地址
loop	Boolean	是否循环播放，默认值为 false
controls	Boolean	是否显示默认控件，默认值为 true
poster	String	默认控件上的音频封面的图片资源地址，如果 controls 属性值为 false，则设置 poster 无效
name	String	默认控件上的音频名字，如果 controls 属性值为 false，则设置 name 无效，默认为"未知音频"
author	String	默认控件上的作者名字，如果 controls 属性值为 false，则设置 name 无效，默认为"未知作者"
binderror	EventHandle	当发生错误时触发 error 事件，detail = {errMsg:MediaError. code}
bindplay	EventHandle	当开始/继续播放时，触发 play 事件
bindpause	EventHandle	当暂停播放时，触发 pause 事件
bindratechange	EventHandle	当播放速率改变时触发 ragechange 事件
Bindtimeupdate	EventHandle	当播放进度改变时触发 timeupdate 事件，detail = {currentTie. duration}
bindended	EventHandle	当播放到末尾时触发 ended 事件

示例代码如下：

```
//audio.wxml
<audio src = "{{src}}" action = "{{action}}" poster = "{{poster}}"
name = "{{name}}" author = "{{author}}" loop controls > </audio>
<button type = "primary" bindtap = 'play' >播放 </button>
<button type = "primary" bindtap = "pause" >暂停 </button>
<button type = "primary" bindtap = "playRate" >设置速率 </button>
<button type = "primary" bindtap = "currentTime" >设置当前时间(秒)
</button>

//audio.js
Page({
data: {
poster: 'http://y.gtimg.cn/music/photo_new/T002R300x300M000003rs
KF44GyaSk.jpg? max_age =2592000',
name: '此时此刻',
author: '许巍',
src: 'http://ws.stream.qqmusic.qq.com/M500001VfvsJ21xFqb.mp3? guid =
ffffffff82def4af4b12b3cd9337d5e7&uin =346897220&vkey =6292F51E1E384
E06DCBDC9AB7C49FD713D632D313AC4858BACB8DDD29067D3C601481D36E62053BF8
DFEAF74C0A5CCFADD6471160CAF3E6A&fromtag =46',
},
play:function(){
    this.setData({
        action:{
        method:'play'
        }
    })
},
pause:function(){
    this.setData({
        action:{
        method:'pause'
    }
```

```
})
},
playRate:function()
{
    this.setData({
    action:{
        method:'setPlaybackRate',
        data:10  //速率
    }
    })
    console.log('当前速率:'+this.data.action.data)
},
currentTime:function(e){
    this.setData({
        action:{
            method:'setCurrentTime',
            data:120
        }
    })
    }
})
```

运行效果如图 4 – 24 所示。

图 4 – 24   audio 组件运行效果示意

4.5.3   video

video 组件用来实现视频的播放、暂停等。视频的默认宽度为 300 px，高度为 225 px，video 组件的属性如表 4 – 23 所示。

表 4 – 23　video 组件属性

属性名	类型	说明
src	String	要播放视频的资源地址
initial – time	Number	指定视频初始播放位置
duration	Number	指定视频时长
controls	Boolean	是否显示默认播放控件（播放/暂停按钮、播放进度、时间），默认值为 true
danmu – list	ObjectArray	弹幕列表
danmu – btn	Boolean	是否显示弹幕按钮，只在初始化时有效，不能动态变更，默认值为 false
enable – danmu	Boolean	是否展示弹幕，只在初始化时有效，不能动态变更
autoplay	Boolean	是否自动播放，默认值为 false
loop	Boolean	是否循环播放，默认值为 false
muted	Boolean	是否静音播放，默认值为 false
page – gestur	Boolean	在非全屏模式下，是否开启亮度与音量调节手势
bindplay	EventHandle	当开始/继续播放时，触发 play 事件
bindpause	EventHandle	当暂停播放时，触发 pause 事件
bindended	EventHandle	当播放到末尾时，触发 ended 事件
bindtimeupdate	EventHandle	当播放进度变化时触发，event. detail = {currentTime：'当前播放时间'}。触发频率应该在 250 ms 一次
Bindfullscreenchange	EventHandle	当视频进入和退出全屏时触发，event. detail = {fullScreen：'当前全屏状态'}
objectFit	String	当视频大小与 video 容器大小不一致时，视频的表现形式。contain：包含；fill：填充；cover：覆盖
poster	String	默认控件上的音频封面的图片资源地址，如果 controls 属性值为 false，则设置 poster 无效

示例代码如下：

```
//video.wxml
<video src = "{{src}}" controls > </video >
<view class = "btn - area" >
<button bindtap = "bindButtonTap" >获取视频 </button >
</view >
```

```
//video.js
Page({
data: {
    src: '',
},
bindButtonTap: function(){
    var that = this
    wx.chooseVideo({
        sourceType: ['album','camera'],
        maxDuration: 60,
        camera: ['front','back'],
        success: function(res){
            that.setData({
                src: res.tempFilePath
            })
        }
    })
    }
})
```

运行效果如图 4-25 所示。

4.5.4 camera

camera 组件为系统相机组件, 可以实现拍照或录像功能。在一个页面中, 只能有一个 camera 组件。在开发工具中运行时, 使用电脑摄像头实现拍照或录像; 在手机中运行时, 使用手机前后摄像头实现拍照或录像。camera 组件的属性如表 4-24 所示。

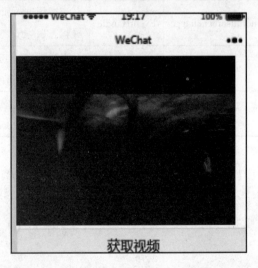

图 4-25 video 组件运行效果示意

表 4 – 24　camera 组件属性

属性值	类型	说明
device – position	String	前置或后置，值为 front、back，默认值为 back
flash	String	闪光灯，值为 auto、on、off，默认值为 auto
bindstop	EventHandle	摄像头在非正常终止时触发，如退出后台等情况
binderror	EventHandle	用户不允许使用摄像头时触发

示例代码如下：

```
//.wxml
<camera device - position = "back" flash = "off" binderror = "error"
style = "width:100% ; height:350px;" > < /camera >
<button type = "primary" bindtap = "takePhoto" >拍照 < /button >
<view >预览 < /view >
< image mode = "widthFix" src = "{{src}}" > < /image >
//.js
Page({
  takePhoto(){
    const ctx = wx.createCameraContext()//创建并返回 camera 上下文对象
    ctx.takePhoto({                      //拍照,成功则返回图片
      quality: 'high',
      success:(res) = > {
        this.setData({
          src: res.tempImagePath
        })
      }
    })
  },
  error(e){
    console.log(e.detail)
  }
})
```

运行效果如图 4 – 26 所示。

图 4-26 camera 组件运行效果示意

4.6 其他组件

在小程序中，除了前面介绍的组件以外，map 组件和 canvas 组件比较常用。

4.6.1 map

map 组件用于在页面中显示地图或路径，常用于 LBS（基于位置服务）或路径指引，功能相对百度地图、高德地图较简单，目前具备绘制图标、路线、半径等能力，不能在 croll – view、swiper、picker – view、movable – view 组件中使用。

map 组件的属性如表 4-25 所示。

表 4-25 map 组件属性

属性名	类型	说明
longitude	Number	中心经度
latitude	Number	中心纬度

续表

属性名	类型	说明
scale	Number	缩放比例，取值范围为 5 ~ 18，默认值为 16
markers	Array	标记点，用于在地图上显示标记的位置
covers	Array	覆盖物，不建议使用
polyline	Array	路线
circles	Array	圆
controls	Array	控件
include – points	Array	缩放视野以包含所有给定的坐标点
show – location	Boolean	显示带有方向的当前定位点
bindmarkertap	EventHandle	点击标记点时触发
bindcallouttap	EventHandle	点击标记点对应的气泡时触发
bindcontroltap	EventHandle	点击控件时触发
bindregionchange	EventHandle	视野发生变化时触发
bindtap	EventHandle	点击地图时触发
bindupdated	EventHandle	在地图数据绑定更新完成时触发

map 组件的 markers 属性用于在地图上显示标记的位置，其相关属性如表 4 – 26 所示。

表 4 – 26　map 组件 markers 属性的相关属性

属性名	类型	是否必填	说明
id	Number	否	标记点 id，点击事件回调会返回此 id
longitude	Number	是	经度，范围为 – 180 ~ 180
latitude	Number	是	纬度，范围为 – 90 ~ 90
title	String	否	标注点名称
iconPath	String	是	显示的图标
rotate	Number	否	旋转角度，范围为 0 ~ 360，默认值为 0
alpha	Number	否	标注的透明度，默认值为 1（即无透明）
width	Number	否	标注图标宽度，默认为图片实际宽度
height	Number	否	标注图标高度，默认为图片实际高度
callout	Object	否	自定义标记点上方的气泡窗口
label	Object	否	为标记点旁边增加标签
anchor	Object	否	经纬度在图标的锚点，默认底边中点 {x, y}

map 组件的 polyline 属性用来指定一系列坐标点，从数组第一项连线到最后一项，形成一条路线，可以指定线的颜色、宽度、线型以及是否带箭头等，其相关属性如表 4 – 27 所示。

表 4 – 27　map 组件 polyline 属性的相关属性

属性名	类型	是否必填	说明
points	Array	是	经纬度数组，[｛latitude：0，longitude：0｝]
color	String	否	线的颜色
width	Number	否	线的宽度
dottedLine	Boolean	否	是否虚线，默认值为 false
arrowLine	Boolean	否	是否带箭头，默认值为 false
arrowIconPath	String	否	更换箭头图标
borderColor	String	否	线的边框颜色
borderWidth	Number	否	线的厚度

示例代码如下：

```
//.wxml
<map  id = "map"
    longitude = "108.9200"    //中心点经度
    latitude = "34.1550"      //中心点纬度
    scale = "14"              //缩放比例
    controls = "｛｛controls｝｝" //地图上显示控件
    bindcontroltap = "controltap"   //点击控件时触发
    markers = "｛｛markers｝｝"   //标记点
    bindmarkertap = "markertap"   //点击标记点时触发
    polyline = "｛｛polyline｝｝" //路线点
    bindregionchange = "regionchange" //视野发生改变时触发
    show - location
    style = "width:100% ; height:300px;" >
</map >
//.js
Page(｛
  data: ｛
    markers:[｛                //标记点
      iconPath: "/pages/dw.png",
      id:0,
      longitude:"108.9290",
```

```
    latitude:"34.1480",
    width: 50,
    height: 50
  }],
  polyline: [{          //线路
    points: [
      {                        //线路点1
        longitude:"108.9200",
    latitude:"34.1400",
      },
      {
        longitude:"108.9200",   //线路点2
    latitude:"34.1500"
      },
      {
        longitude : "108.9200",//线路点3
latitude:"34.1700"
      }
    ],
    color: "#00ff00",
    width: 2,
    dottedLine: true
  }],
  controls: [{          //控件的相关信息
    id: 1,
    iconPath: '/pages/dw.png',
    position: {
      left: 0,
      top: 300 ,
      width:30,
      height:30
    },
    clickable: true
  }]
```

```
    },
    regionchange(e){
      console.log(e.type)
    },
    markertap(e){
      console.log(e.markerId)
    },
    controltap(e){
      console.log(e.controlId)
    }
})
```

运行效果如图 4 – 27 所示。

图 4 – 27　map 组件运行效果示意

4.6.2　canvas

canvas 组件用来绘制图形，相当于一块无色透明的普通图布。canvas 组件本身并没有绘图能力，仅仅是图形容器，通过绘图 API 实现绘图功能。在默认情况下，canvas 组件的默认宽度为 300 px，高度为 225 px，同一页面中的 canvas – id 不能重复，否则会出错。canvas 组件的属性如表 4 – 28 所示。

表 4 – 28　canvas 组件属性

属性名	类型	说明
canvas – id	String	canvas 组件的唯一标识符
disable – scroll	Boolean	在 canvas 中移动时，禁止屏幕滚动以及下拉刷新，默认值为 false
bindtouchstart	EventHandle	手指触摸触发动作开始
bindtouchmove	EventHandle	手指触摸后移动
bindtouchend	EventHandle	手指触摸触发动作结束
bindtouchcancel	EventHandle	手指触摸动作被打断
Binderror	EventHandle	当发生错误时触发 error 事件，etail =｛errMsg：'wrong'｝

实现绘图需要 3 步：

（1）创建一个 canvas 绘图上下文。

```
var context = wx.createCanvasContext('myCanvas')
```

（2）使用 canvas 绘图上下文进行绘图描述。

```
context.setFillStyle('green')    //设置绘图上下文的填充色为绿色
context.fillRect(10,10,200,100)    //方法画一个矩形,填充为设置的绿色
```

（3）画图。

```
context.draw()
```

示例代码如下：

```
//.wxml
<canvas canvas - id = "myCanvas" style = "border: 1px solid red;" />
//.js
Page({
  onLoad: function(options){
  var ctx = wx.createCanvasContext('myCanvas')
    ctx.setFillStyle('green')
    ctx.fillRect(10,10,200,100)
    ctx.draw()
  }
})
```

运行效果如图 4 – 28 所示。

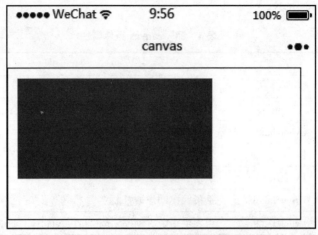

图 4 – 28　canvas 组件运行效果示意

4.7　本章小结

本章介绍了小程序中的常用组件，包括容器组件（view、scroll – view、swiper）、基础内容组件（icon、text、progress、rich – text）、表单组件（form、input、button、radio、check-box、label、picker、picker – view、slider、switch、textarea）、多媒体组件（audio、image、video、camera）、其他组件（map、canvas 等）。熟练掌握这些组件的属性和方法是开发小程序的必备技能。

4.8　思考练习题

一、选择题

1. 下列选项中，不是容器组件的是（　　　）。

A. view　　　　　　　　　　　B. scroll – view

C. swiper　　　　　　　　　　 D. picker

2. 下列选项中，不是 icon 组件的 type 属性的是（　　　）。

A. success　　　　B. info　　　　C. primary　　　　D. warn

3. text 组件的 space 属性为 true，表示（　　　）。

A. 连续显示空格　　　　　　　　B. 不连续显示空格

4. 下列选项中，不是 button 组件的 type 属性的是（　　　）。

A. default　　　　　　　　　　 B. primary

C. warn　　　　　　　　　　　 D. waiting

5. 当 radio 组件中的选项改变时，会触发 change 事件，change 事件是否会携带当前选中

项的 value？（　　　）

　　A. 是　　　　　　　　　　　　B. 否

6. slider 组件的 step 的默认值为（　　　）。

　　A. 1　　　　　　　B. 5　　　　　　　C. 10　　　　　　　D. 20

7. picker 组件的模式（mode）有哪些？（　　　）

　　A. selector　　　　B. multisSelector　　C. time/date　　　D. region

8. image 组件的缩放模式有哪些？（　　　）

　　A. scalToFill　　　　B. aspeFit　　　　　C. aspeFill　　　　　D. widthFix

9. camera 组件能否实现录像功能？（　　　）

　　A. 可以　　　　　　　　　　　B. 不可以

10. canvas 组件在绘图时是否必须使用相应的 API？（　　　）

　　A. 对　　　　　　　　　　　　B. 不对

二、操作题

1. 使用 canvas 组件实现"奥运五环"的绘制。

2. 使用相应组件，完成如图 4 - 29 所示的"书单"页面。

3. 使用相应组件，完成如图 4 - 30 所示的"西安找拼车"小程序部分界面。

图 4 - 29　书单

图 4 - 30　西安找拼车

三、编程题

"人生进程"是一款极简的小程序，它只有一个功能：就是计算一个人从出生到现在已经度过了多少个月，如图 4-31 所示。请编写程序完成此功能。

图 4-31　人生进度效果示意

第 5 章

即速应用

学习目标

- ➢ 了解即速应用的特征
- ➢ 掌握即速应用布局组件、基础组件和高级组件
- ➢ 掌握即速应用后台管理
- ➢ 掌握即速应用小程序打包上传

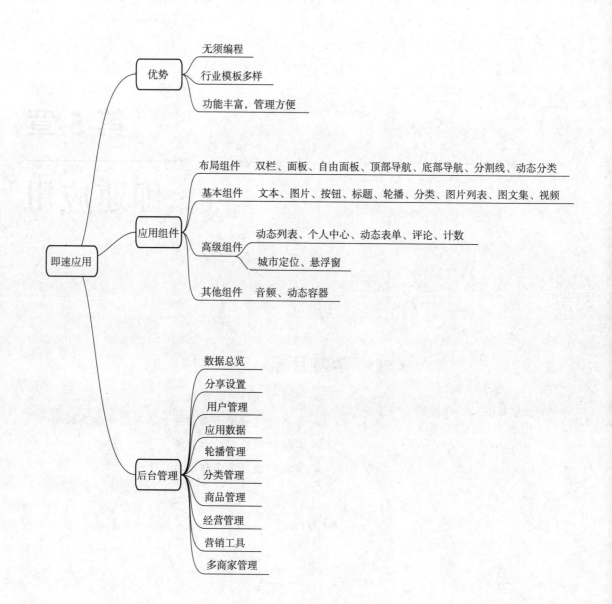

即速应用

优势
- 无须编程
- 行业模板多样
- 功能丰富，管理方便

应用组件
- 布局组件　双栏、面板、自由面板、顶部导航、底部导航、分割线、动态分类
- 基本组件　文本、图片、按钮、标题、轮播、分类、图片列表、图文集、视频
- 高级组件　动态列表、个人中心、动态表单、评论、计数
　　　　　　城市定位、悬浮窗
- 其他组件　音频、动态容器

后台管理
- 数据总览
- 分享设置
- 用户管理
- 应用数据
- 轮播管理
- 分类管理
- 商品管理
- 经营管理
- 营销工具
- 多商家管理

5.1　即速应用概述

5.1.1　即速应用的优势

即速应用是深圳市咫尺网络科技开发有限公司开发的一款同时兼具微信小程序和支付宝小程序快速开发能力的工具，用户只需简单拖拽可视化组件，就可以实现在线小程序开发。据不完全统计，在微信小程序正式发布的 1 年内，在即速应用上打包代码并成功上线的微信小程序已经超过 5 万个。

即速应用的功能特点主要体现在以下几个方面：

1. 开发流程简单，零门槛制作

使用即速应用来开发微信小程序的过程非常简单，无须储备相关代码知识，没有开发经验的人也可以轻松上手。

（1）登录即速应用的官方网站（www.jisuapp.cn），进入制作界面，从众多行业模板中选择一个合适的模板。

（2）在模板的基础上进行简单编辑和个性化制作。

（3）制作完成后，将代码一键打包并下载。

（4）将代码上传至微信开发者工具。

（5）上传成功后，等待审核通过即可。

2. 行业模板多样，种类齐全

即速应用为广大开发者提供了非常齐全的行业解决方案。目前，即速应用已经上线 60 多个小程序行业模板，涉及餐饮（单店版、多店版）、婚庆、旅游、运动、美容、房地产、家居、医药、母婴、摄影、社区、酒店、KTV、汽车、资讯等多个行业。

这些小程序行业模板可以有效地帮助企业拓宽资源整合渠道，降低运营成本，提高管理效率。

3. 丰富的功能组件和强大的管理后台

即速应用的功能组件和管理后台非常实用，可以根据实际情况解决商家的不同需求。例如，到店体系可以实现电子点餐、排队预约和线上快速结算；社区体系可以实现评论留言和话题管理；多商家系统可以实现分店统一管理、多门店统一运营；营销工具可以实现会员卡、优惠券的设置等营销方式……

目前，即速应用有 4 个版本，分别为基础版、高级版、尊享版和旗舰版。基础版为免费使用的版本，适合制作个人小程序，其他版本根据功能不同可以满足不同企业的需求。

即速应用的应用范围主要包括以下类型：

（1）资讯类：新闻、媒体。

（2）电商类：网购（服装、电器、读书、母婴……）。

（3）外卖类：餐饮及零售。

（4）到店类：餐饮及酒吧。

（5）预约类：酒店、KTV、家教、家政，其他服务行业。

5.1.2　即速应用界面介绍

登录即速应用官网，单击"注册"按钮，在如图 5 - 1 所示的页面填写相应信息，即可完成注册。完成注册后，即可登录账号，使用即速应用。

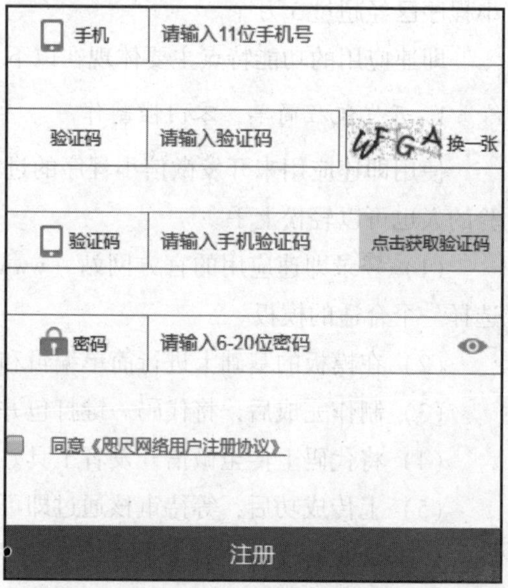

即速应用的主界面主要分为 4 个区域，分别为菜单栏、工具栏、编辑区和属性面板，如图 5 - 2 所示。

1. 菜单栏

菜单栏中的"风格"选项用于设置小程序页面的风格颜色，"管理"选项用于进入后台管理页面，"帮助"选项用于提示帮助功能，"客服"选项用于进入客服界面，"历史"选项用来恢复前项操作，"预览"选项用在 PC 端预览制作效果，"保存"选项用于保存已制作的内容，"生成"选项用于实现小程序打包上线设置。

2. 工具栏

工具栏包括"页面管理""组件库"2 个
选项卡，"页面管理"实现添加页面和添加分组以及对某一页面进行改名、收藏、复制、删除操作。"组件库"有 9 个基础组件、7 个布局组件、18 个高级组件和 2 个其他组件。

图 5 - 1　注册

图 5 - 2　即速应用主界面

3. 编辑区

编辑区是用来制作小程序页面的主要区域，通过拖拽组件实现页面制作，右边的"前进""后退"选项可以进行恢复操作，"模板"选项可以用来选择模板，"元素"选项可以用来显示页面中的组件及其层次关系，"数据"选项可以用来进行页面数据管理，"模块"选项可以用来选择模块。

4. 属性面板

属性面板用来设置选定组件的属性及样式，包括"组件"和"组件样式"两个选项卡。"组件"选项卡用来设置组件内容及点击事件；"组件样式"选项卡用来设置组件的样式，不同组件有不同的样式需要设置。

5.2 即速应用组件

即速应用提供了大量的组件供用户快速布局页面，包括7个布局组件、9个基本组件、18个高级组件和2个其他组件。

5.2.1 布局组件

布局组件用于设计页面布局，主要包括双栏、面板、自由面板、顶部导航、底部导航、分割线和动态分类，如图5-3所示。

图5-3 布局组件

1. 双栏组件

双栏组件用来布局整体，它可以把一个区块分为两部分，操作时显示一个分隔的标志，便于操作，预览时则不会出现。双栏组件默认设置每个栏占50%总宽，也可以按实际需要调整比例。双栏里面可以添加基本的组件，从而达到整体的布局效果。双栏还可以嵌套双栏，即可以在其中的一个栏里嵌入一个双栏，从而将整体分成3部分（若需要将整体分成4部分，就再嵌套一个双栏，依次类推）。双栏组件的属性面板如图5-4所示。

2. 面板组件

面板组件相当于一个大画板，用户可以将很多基本（甚至高级）的组件（如文本组件、图片组件、按钮组件、标题组件、分类组件、音频组件、双栏组件、计数组件等）放进面板组件里一起管理。面板组件的属性面板如图5-5所示。

3. 自由面板组件

自由面板组件是指放置在该面板内的组件可以自由拖动，调节组件大小。用户既可以向自由面板内拖入部分组件（包括文本组件、图片组件和按钮组件），也可以拖入任意相关容器组件，用于不规则布局。自由面板组件的属性面板如图 5－6 所示。

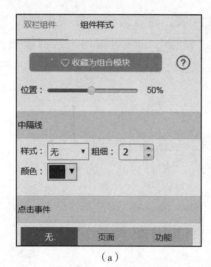
（a）

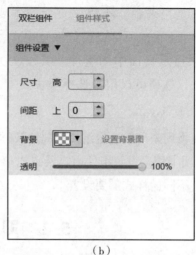
（b）

图 5－4　双栏组件属性面板

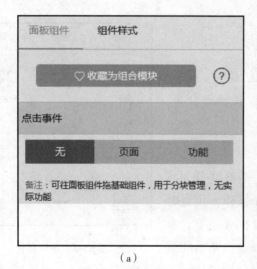
（a）

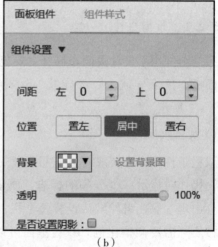
（b）

图 5－5　面板组件属性面板

4. 顶部导航组件

顶部导航组件固定于页面顶部，用于编辑顶部的导航。常用的手机应用在顶部有一条导航，上面写有手机应用 App 的名称或 logo，以及返回键等。顶部导航组件的属性面板设置如图 5－7 所示。

5. 底部导航组件

底部导航组件固定于页面底部，用于编辑底部的导航。底部导航组件的属性面板设置如图 5－8 所示。

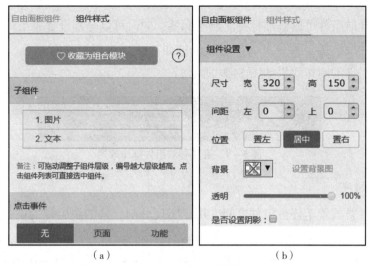

（a） （b）

图 5 – 6 自由面板组件属性面板

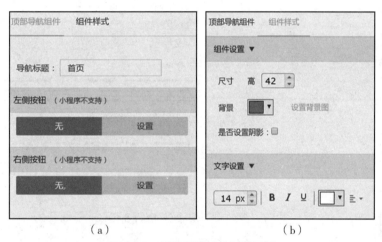

（a） （b）

图 5 – 7 顶部导航组件属性面板

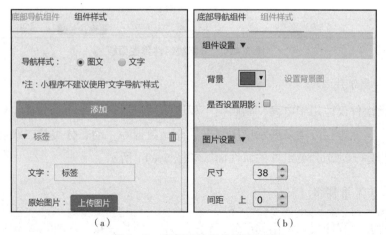

（a） （b）

图 5 – 8 底部导航组件属性面板

通过底部导航组件可以添加标签、删除标签，同时可以分别设置每个标签的名称、原始图片、点击图片及链接至某一页面；通过组件面板可以进行组件背景色、图片及文字的设置。底部导航组件的制作效果如图5-9所示。

图5-9　底部导航组件制作效果

6. 分割线组件

分割线组件被放置于任意组件之间，用于实现分割。分割线组件的属性面板如图5-10所示。

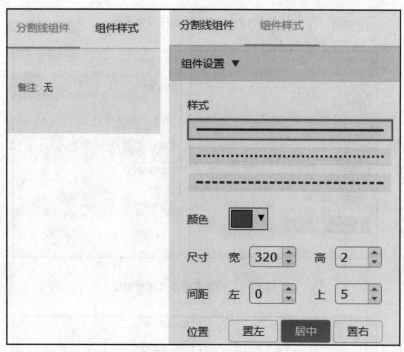

图5-10　分割线组件属性面板

7. 动态分类组件

动态分类组件仅适用于电商、到店类小程序。用户通过选择动态分类组件的样式，可以实现顶部分类、侧边栏分类来展示应用数据、商品数据等。动态分类的二级有图模式只适用于电商类小程序。动态分类组件的属性面板如图5-11所示。

5.2.2　基本组件

基本组件是小程序页面常用的组件，包括文本、图片、按钮、标题、轮播、分类、图片列表、图文集和视频，如图5-12所示。

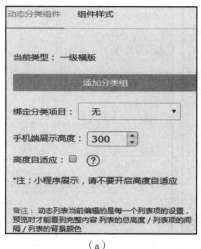 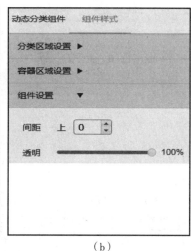

（a） （b）

图 5 - 11 动态分类组件属性面板

1. 文本组件

文本组件用于展示文字、设置点击事件，是小程序页面中最常用的组件。文本组件的属性面板如图 5 - 13 所示。

2. 图片组件

图片组件用于在页面中展示图片，其属性面板如图 5 - 14 所示。

3. 按钮组件

按钮组件用于在页面中设置按钮，其属性面板如图 5 - 15 所示。

4. 标题组件

标题组件用于在页面中设置标题，其属性面板如图 5 - 16 所示。

图 5 - 12 基本组件

5. 轮播组件

轮播组件用于实现图片的轮播展示，其属性面板如图 5 - 17 所示。

单击"添加轮播分组"按钮进入管理后台，然后单击"轮播管理"→"新建分组"选项可以创建轮播分组，如图 5 - 18 所示。

分别填写"分组名称"和"分组描述"，单击"确定"按钮进入图 5 - 19 所示的轮播管理界面。

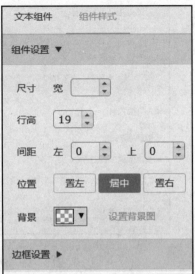

（a）　　　　　　　　　　　（b）

图 5 - 13　文本组件属性面板

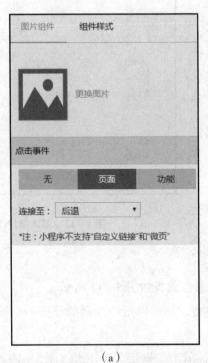

（a）　　　　　　　　　　　（b）

图 5 - 14　图片组件属性面板

（a） （b）

图 5－15 按钮组件属性面板

（a） （b）

图 5－16 标题组件属性面板

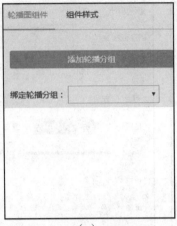
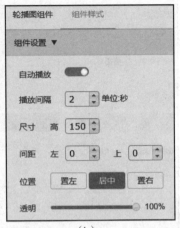

（a） （b）

图 5 - 17　轮播组件属性面板

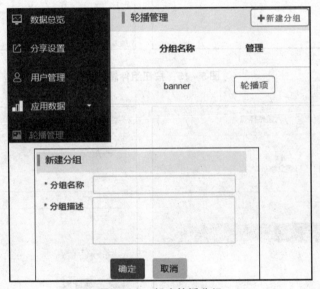

图 5 - 18　新建轮播分组

图 5 - 19　轮播管理界面

单击"轮播项"按钮，进入图 5 - 20 所示的页面。

图 5 - 20　轮播项界面

单击"添加轮播"按钮，在图 5 - 21 所示的页面进行轮播项的设置。

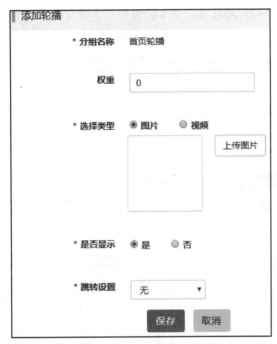

图 5 - 21　添加轮播界面

根据需要添加相应的轮播后，轮播项界面如图 5 - 22 所示。

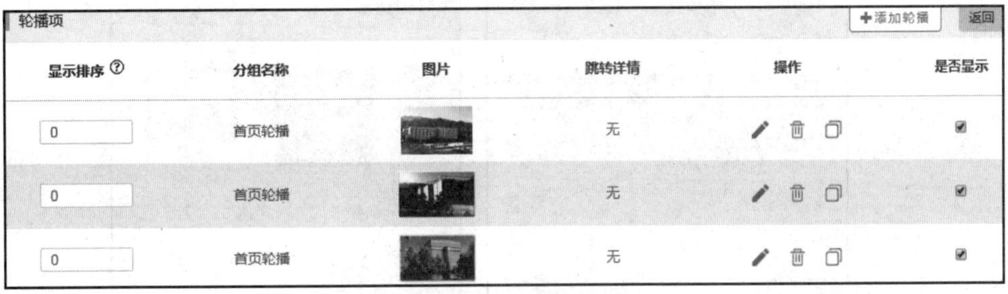

图 5 - 22　轮播项界面

单击图 5 - 23（a）中的"编辑"按钮，在图 5 - 23（b）所示的绑定轮播分组中选定"banner"轮播分组，单击"预览"按钮，将出现预览效果，如图 5 - 23（c）所示。

图 5 - 23　轮播组件预览

6. 分类组件

分类组件可以设置不同内容展示在不同类别中，还可以添加、删除分类的个数及进行相应的设置。分类组件的属性面板如图5-24所示。

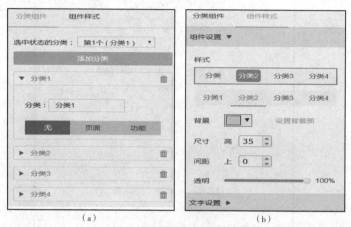

（a）　　　　　　　　　　　（b）

图5-24　分类组件属性面板

7. 图片列表组件

图片列表组件可以将图片以列表的形式展示，还可以设置图片的名称、标题和点击事件。图片列表组件的属性面板如图5-25所示。

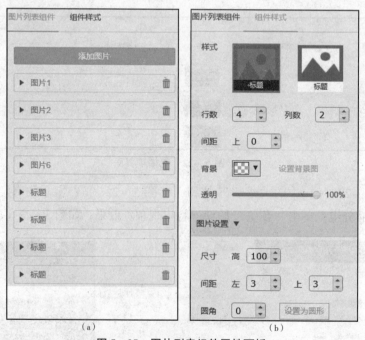

（a）　　　　　　　　　　　（b）

图5-25　图片列表组件属性面板

例如，添加"女装"分组，在此分组内添加"全部""羽绒服""毛衣""半身裙"4个页面，并在每个页面内添加分类和图片列表组件。添加页面如图5-26所示。

图 5 – 26　添加页面

通过以上操作，最终效果如图 5 – 27 所示。

图 5 – 27　分类及图片列表组件效果

8. 图文集组件

图文集组件用于展示图片、标题和简介，其属性面板如图 5 – 28 所示。

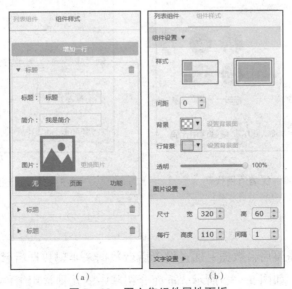

图 5 – 28　图文集组件属性面板

9. 视频组件

视频组件用于展示视频，其属性面板如图5－29所示。

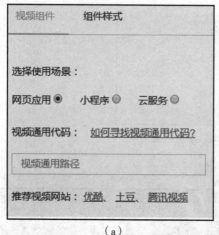

（a）

（b）

图5－29　视频组件属性面板

视频组件提供网页应用、小程序和云服务3种视频来源。网页应用使用视频通用代码来确定视频来源。例如，打开优酷网站，找到需要的视频，进入"分享给朋友"页面，通用代码就显示出来，如图5－30所示。

单击"复制通用代码"按钮，把复制好的通用代码粘贴到图5－31所示的文本框中，保存后即可在小程序项目中添加该视频。

图5－30　优酷通用代码

图5－31　视频组件属性面板

5.2.3　高级组件

高级组件通常需要后台数据，通过设置后台数据来实现数据后台化，让小程序的数据随时更新，及时修改，如图5－32所示。下面介绍其中的几种常用组件。

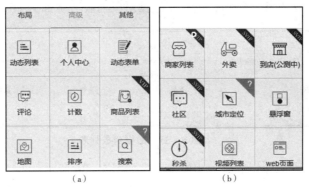

图 5 – 32　高级组件

1. 动态列表组件

动态列表组件是容纳基础组件来展示后台数据的容器，通过添加基础组件来展示对应的后台数据，其属性面板如图 5 – 33 所示。

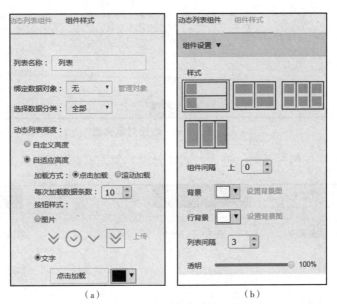

图 5 – 33　动态列表组件属性面板

要使用动态列表组件，必须在后台进行数据管理，单击"管理对象"按钮，进入管理后台，如图 5 – 34 所示。

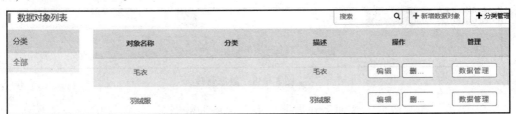

图 5 – 34　新增数据对象

单击"新增数据对象"按钮，进入"数据对象列表"页面，如图5-35所示。

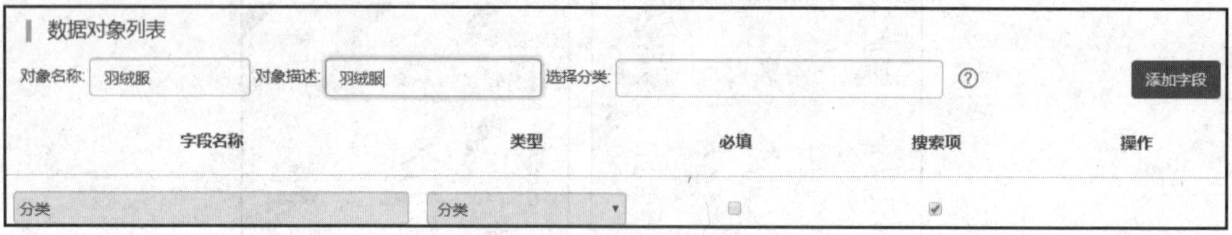

数据对象列表				
对象名称: 羽绒服　　对象描述: 羽绒服　　选择分类: ⑦				添加字段
字段名称	**类型**	**必填**	**搜索项**	**操作**
分类	分类 ▼	☐	☑	

图5-35 数据对象列表

单击"添加字段"按钮，添加相应字段，如图5-36所示。

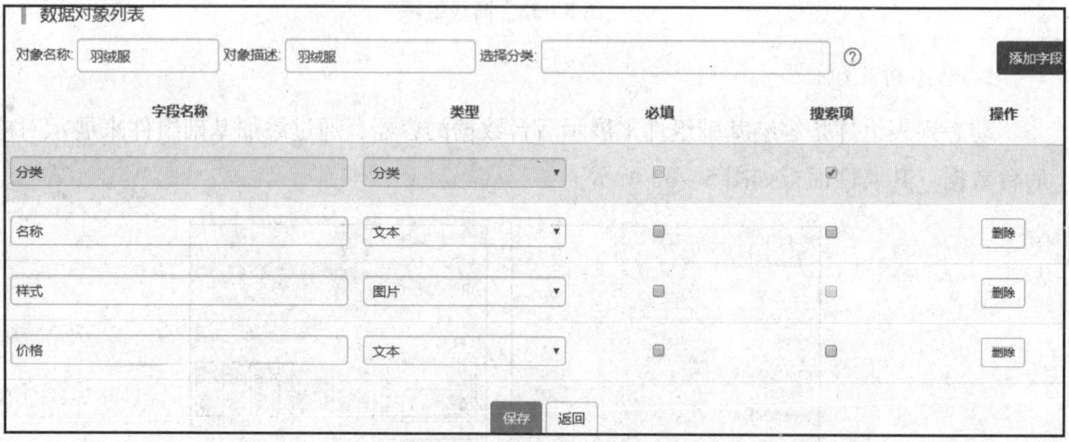

数据对象列表				
对象名称: 羽绒服　　对象描述: 羽绒服　　选择分类: ⑦				添加字段
字段名称	**类型**	**必填**	**搜索项**	**操作**
分类	分类 ▼	☐	☑	
名称	文本 ▼	☐	☐	删除
样式	图片 ▼	☐	☐	删除
价格	文本 ▼	☐	☐	删除
	保存　返回			

图5-36 数据对象列表

单击"保存"按钮并返回，进入"对象管理"页面，如图5-37所示。

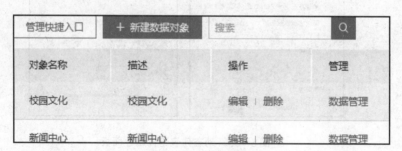

图5-37 对象管理

单击"数据管理"按钮，进入"数据管理"页面，如图5-38所示。

图5-38 数据管理

单击"+添加数据"按钮新建数据，进入"添加数据"页面，如图5-39所示。

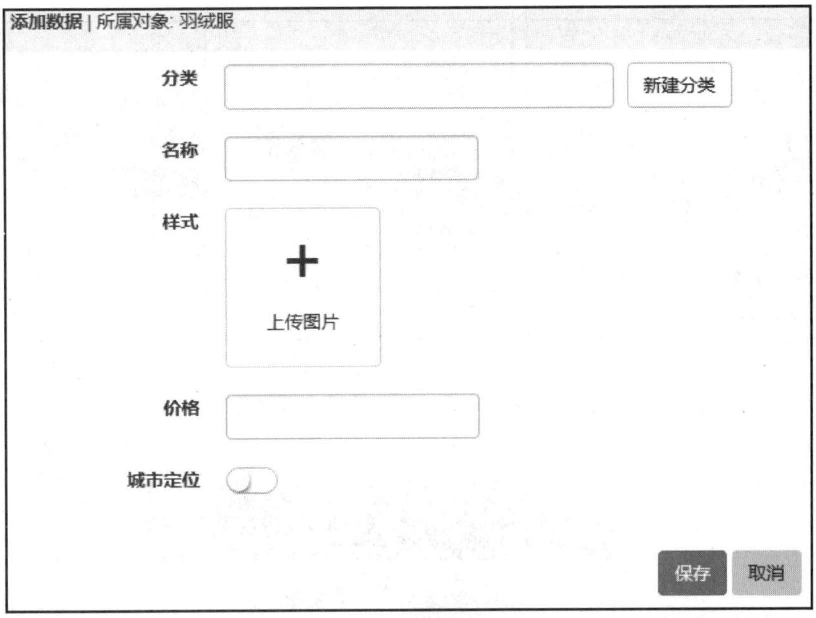

添加数据 | 所属对象: 羽绒服

分类		新建分类
名称		
样式	＋ 上传图片	
价格		
城市定位		

保存 取消

图 5 – 39 添加数据

添加相应数据并保存，继续添加所需数据，"数据管理"页面如图 5 – 40 所示。

数据管理-羽绒服 搜索 ⊕ 导出数据 ＋ 添加数据 返回

✿ 城市管理 ✿ 数据分类

操作 ▾

分类		显示排序⑦	分类	名称	样式	价格	城市	操作	是否显示
全部	☐	0		羽绒服0		499		✎ 🗑 📋	☑
	☐	0		羽绒服1		699		✎ 🗑 📋	☑
	☐	0		羽绒服2		799		✎ 🗑 📋	☑

图 5 – 40 数据管理

退回到编辑页面，为了方便布局，拖拽"自由面板"组件到动态列表中，然后拖拽一个图片和两个文本组件到自由面板组件，如图 5 – 41 所示。

在动态列表属性面板的绑定数据对象中选择"羽绒服"数据对象，同时图片组件绑定数据对象样式字段，文本组件分别绑定数据对象的名称和价格字段，如图 5 – 42 所示。

最终效果如图 5 – 43 所示。

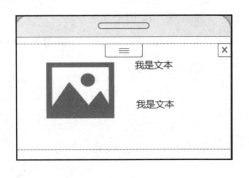

图 5 – 41 动态列表

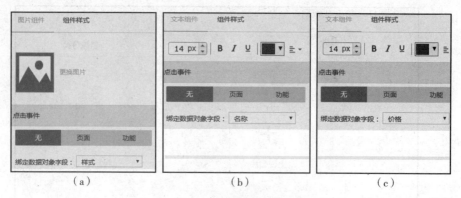

（a）　　　　　　　　（b）　　　　　　　　（c）

图 5 - 42　绑定数据对象字段

图 5 - 43　动态列表

2. 个人中心组件

个人中心组件显示个人相关信息的组件，包括图像、昵称、我的订单、收货地址、购物车等，如图 5 - 44 所示。

个人中心组件的属性面板如图 5 - 45 所示。

3. 动态表单组件

动态表单组件相当于 HTML 中的 < form > 标签，是一个容器组件，可以添加子表单组件和基本组件，用来收集用户提交的相关信息给后台数据对象。动态表单组件的属性面板如图 5 - 46 所示。

图 5-44 个人中心组件显示

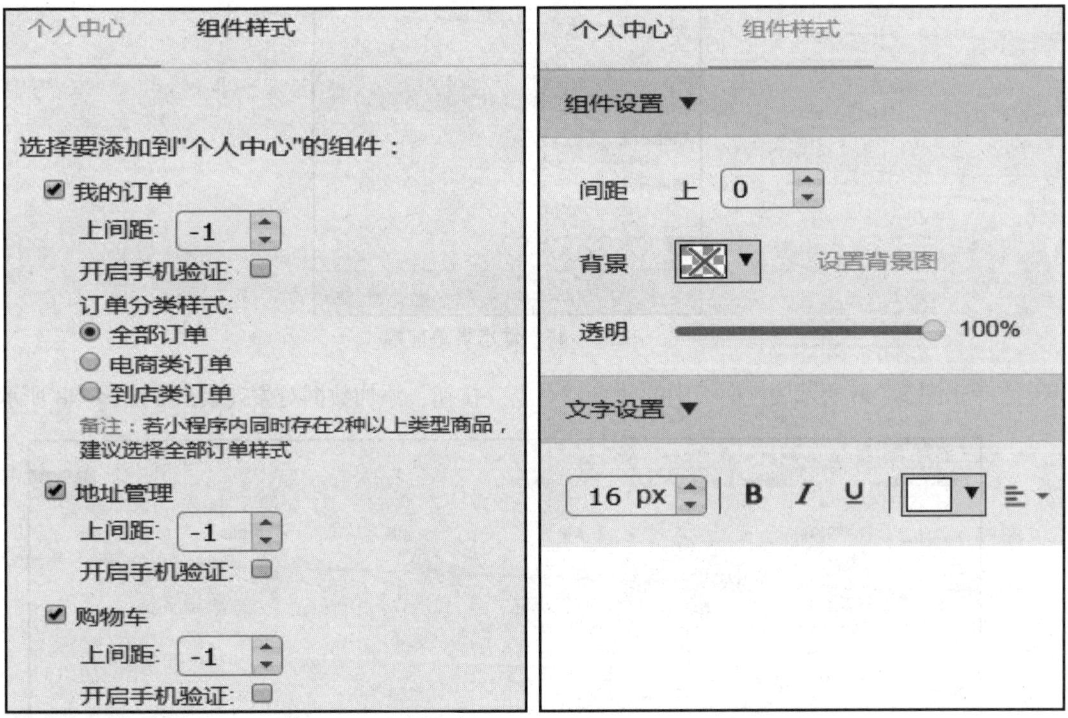

个人中心　　组件样式

选择要添加到"个人中心"的组件：

☑ 我的订单
　　上间距： -1
　　开启手机验证： ☐
　　订单分类样式：
　　　◉ 全部订单
　　　◯ 电商类订单
　　　◯ 到店类订单
　　备注：若小程序内同时存在2种以上类型商品，建议选择全部订单样式

☑ 地址管理
　　上间距： -1
　　开启手机验证： ☐

☑ 购物车
　　上间距： -1
　　开启手机验证： ☐

（a）

个人中心　　组件样式

组件设置 ▼

间距　上　 0

背景　 ☒ ▼　设置背景图

透明 ———————●—— 100%

文字设置 ▼

16 px　 B I U 　☐ ▼ ≡ ▼

（b）

图 5-45 个人中心组件属性面板

(a) (b)

图 5-46 动态表单组件属性面板

在编辑页面，添加相应的动态表单子组件（如"评分"），如图 5-47 所示。

图 5-47 动态表单前端

单击图 5-46 所示属性面板中的"管理对象"按钮，添加数据对象列表，如图 5-48 所示。

字段名称	类型	必填	搜索项	操作
分类	分类	☐	☑	
手机号	文本	☐	☐	删除
技能	文本	☐	☐	删除
服务	文本	☐	☐	删除
评分	文本	☐	☐	删除

数据对象列表　对象名称 表单1　对象描述 表单1　选择分类　添加字段　保存 返回

图 5-48 数据对象列表

前端提交相关数据，可以通过后台进行查看并统计，如图 5 – 49 所示。

分类		显示排序⑦	分类	手机号	技能	服务	评分
全部	☐	0		33333	技能熟练		2
	☐	0		22222	热情服务		3
	☐	0		11111	技能熟练		4

图 5 – 49　后台数据

4. 评论组件

评论组件提供信息发布或回复信息的组件，评论组件的属性面板如图 5 – 50 所示。

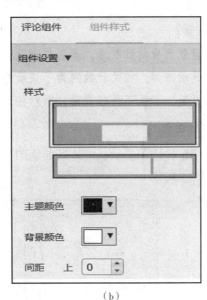

（a）　　　　　　　　　　　　（b）

图 5 – 50　评论组件属性面板

【注意】

在关联页面后，如果该页面是动态页，则评论属于该动态页对应的数据；如果该页面不是动态页，则评论属于该页面。如果不关联页面，则评论属于该小程序。如果开启了点赞，则用户可以给每项评论点赞。

5. 计数组件

计数组件可以用于点赞、统计浏览量等类似的计数功能。计数组件的属性面板如图 5 – 51 所示。

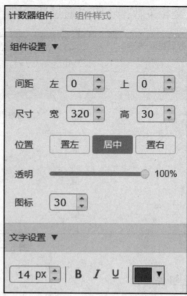

图 5-51　计数组件属性面板

【注意】

在设置为自动计数后，当用户浏览该页面时，浏览量自动增加 1。在关联页面后，如果该页面是动态页，相关计数则属于该动态页对应的项；如果该页面不是动态页，相关计数则属于该页面。如果不关联页面，则相关计数属于该小程序。

6. 地图组件

地图组件用于显示指定地址的地图，常用于实现定位及导航功能，地图组件的属性面板如图 5-52 所示。

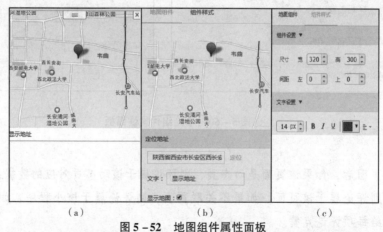

图 5-52　地图组件属性面板

7. 城市定位组件

城市定位组件通常与列表类组件搭配使用，常见搭配有动态列表和商品列表。例如，城市定位组件与商品列表搭配，可以实现通过城市定位来搜索出某具体位置信息下的商品列表。城市定位组件的属性面板如图 5 - 53 所示。

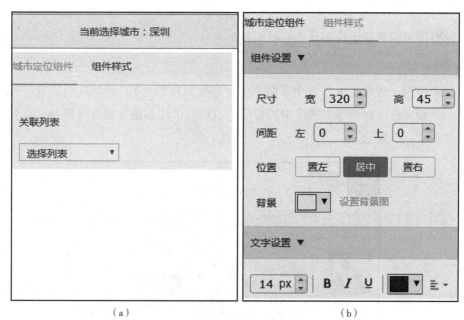

（a）　　　　　　　　　　　（b）

图 5 - 53　城市定位组件属性面板

8. 悬浮窗组件

悬浮窗组件的固定搭配有：客服、我的订单、购物车、回到顶部。悬浮窗组件通常出现在个人中心或商品列表页面，其属性面板如图 5 - 54 所示。

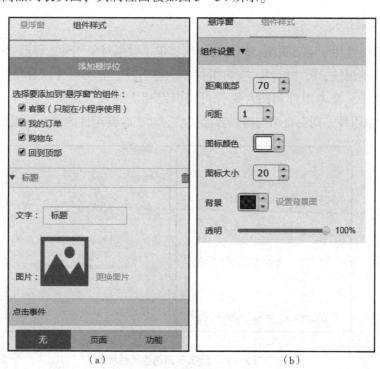

（a）　　　　　　　　　　　（b）

图 5 - 54　悬浮窗组件属性面板

5.2.4　其他组件

其他组件包括音频组件和动态容器组件。

1. 音频组件

音频组件用于播放音乐（每个页面有一个音频组件即可），手动点击播放按钮后即可实现播放。音频文件可以选择音频库中的音乐，也可以上传本地音频进行更换，音频组件的属性面板如图 5 –55 所示。

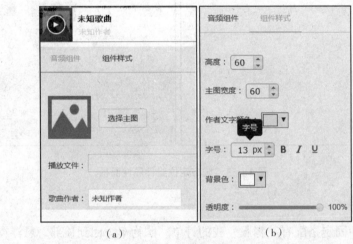

图 5 –55　音频组件属性面板

2. 动态容器组件

动态容器组件用于动态页面，即所在页面绑定了数据对象。动态容器组件中可以添加多种组件——文本组件、图片组件、按钮组件、标题组件、分类组件、音频组件、双栏组件、计数组件。其中，文本组件和图片组件可以绑定相应的数据对象字段（填充相应动态数据），若有计数组件，则会自动与动态容器关联。动态容器组件的属性面板如图 5 –56 所示。

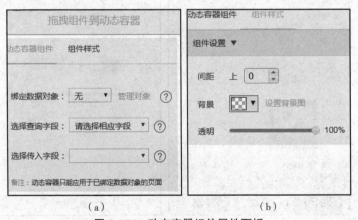

图 5 –56　动态容器组件属性面板

5.3 即速应用后台管理

即速应用后台提供了非常强大的后台管理，开发者在后台进行修改操作就可以让数据即时更新，开发者还可以通过后台来查看小程序数据管理、用户管理、商品管理、营销工具、多商家管理等功能。

1. 数据管理

数据管理包括数据总览、访客分析和传播数据功能。

数据总览提供小程序总浏览量、昨日/今日访问量、总用户量、总订单数及浏览量曲线图，如图 5-57 所示。

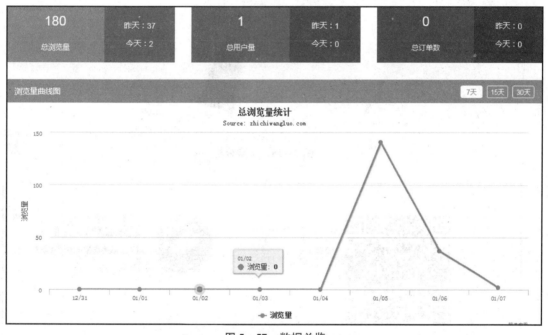

图 5-57　数据总览

访客分析是以图例的形式来展示用户从微信的哪个模块来访问及访问的次数、比例、用户来源地区、用户访问时间及使用设备等，便于管理者更好地做好营销工作，如图 5-58所示。

传播数据主要是用于提供新老访客的比例，以及访客使用哪些主要平台打开应用的次数及占比。

2. 分享设置

分享设置主要提供可以分享应用的方式，如图 5-59 所示。

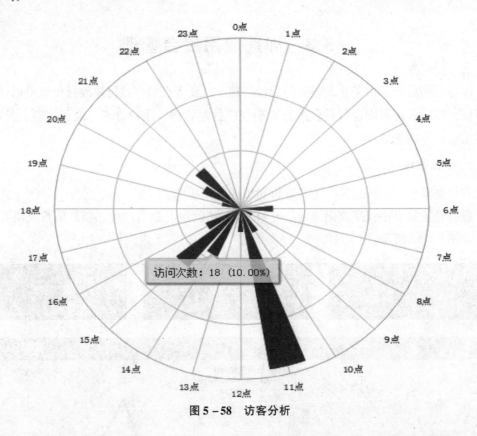

图 5-58 访客分析

图 5-59 分享设置

3. 用户管理

用户管理主要用于实现对用户进行添加、分组、群发消息、储值金充值、赠送会员卡等功能，如图5-60所示。

图 5 – 60　用户管理

4. 应用数据

应用数据是后台管理的主要内容，前端组件（动态列表、动态表单）的数据都是通过在应用数据中的数据对象来管理的，类似通过数据库存放和管理数据。

5. 轮播管理

轮播管理是前端软播组件的后台数据管理器，通过软播管理来设置前端软播组件展示的图片内容。

6. 分类管理

分类管理适用于电商、到店、应用数据。分类管理可以通过选择动态分类组件样式来实现在顶部分类或侧边栏分类以展示应用数据、商品数据等效果。动态分类的二级有图模式只适用于电商。

7. 商品管理

商品管理是后台管理的主要内容，前端商品列表组件的数据来源于后台商品管理。商品管理可以管理商品列表、积分商品、位置管理、支付方式、订单管理、拼团订单管理、订单统计、账单明细、运费管理和评价管理功能。

8. 经营管理

经营管理主要包括子账号管理、手机端客户关系管理和短信接收管理，便于管理者管理小程序的运营。

9. 营销工具

营销工具是小程序营销推广的有力工具，主要有会员卡、优惠券、积分、储值、推广、秒杀、集集乐、拼团活动、大转盘、砸金蛋、刮刮乐等。这些营销工具都需要事前在后台合理设置后，才能在活动中发挥更大的作用。

10. 多商家管理

多商家管理是即速应用为有众多商家的商城（如"华东商城""义乌商城"等）开设的管理功能，方便管理者统计每家店铺的订单及进行收益分析。

5.4　打包上传

即速应用可以将小程序的代码打包，该代码包可以通过微信开发者工具来对接微信小程序。

5.4.1 打包

进入即速应用后台管理，选择左边选项"分享设置"按钮，单击"微信小程序"选项，进入如图 5 – 61 所示的页面。

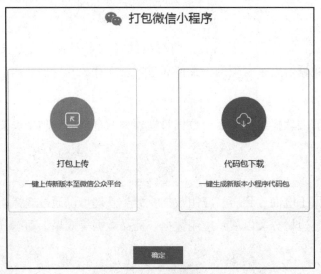

图 5 – 61　打包微信小程序

选择"代码包下载"选项，单击"确定"按钮，进入如图 5 – 62 所示的页面。

图 5 – 62　打包微信小程序

通过"微信公众平台→小程序→设置→开发设置"获取 AppID 和 AppSecret，在"服务器配置"中填写相关信息，选择相应分类，单击"打包"按钮，即可成功打包，如图 5 – 63 所示。

图 5 – 63　微信小程序打包

单击"下载"按钮，即可下载该小程序代码包。

5.4.2　上传

打开微信 Web 开发者工具，新建项目，并填写相关内容。其中，项目目录为下载包解压后的目录，如图 5 – 64 所示。

图 5 – 64　小程序项目

单击"确定"按钮，打开小程序代码，编译无误后，填写该项目的版本号，单击"上传"按钮即可实现该小程序代码上传，如图 5-65 所示。

图 5-65　开发管理 – 版本号

上传成功后，打开微信公众平台的"开发管理"界面，就可以看到该小程序的版本信息，如图 5-66 所示。

图 5-66　开发管理 – 开发版本

待审核通过后，即可在"微信"→"发现"→"小程序"中搜索到该小程序。

5.5　本章小结

本章主要讲解微信小程序的第三方工具——即速应用，首先介绍了即速应用的优势及特点，然后介绍了即速应用的布局组件、基础组件、高级组件和其他组件，最后介绍了即速应用的后台管理及打包、上传功能。通过对本章的学习，可以为以后使用即速应用制作各类小程序打下坚实的基础。

5.6　思考练习题

一、选 择 题

1. 以下哪些是微信小程序的第三方服务？（　　　）

A. 即速应用　　　　B. 直达客　　　　C. 小云社群　　　　D. 通晓程序

2. 即速应用双栏组件中能否再进行分栏？（　　　）

A. 可以　　　　　　　　　　　B. 不可以

3. 轮播组件能否设置轮播的时间间隔？（　　　）

A. 可以　　　　　　　　　　　　B. 不可以

4. 商品列表组件中是否需要用户创建详情页？（　　　）

A. 是　　　　　　　　　　　　　B. 否

5. 秒杀组件中的商品是否需要在商品列表中添加？（　　　）

A. 是　　　　　　　　　　　　　B. 否

二、操作题

1. 使用即速应用制作如图 5 – 67 所示的小程序页面。

2. 使用即速应用制作如图 5 – 68 所示的小程序页面。

图 5 – 67　"首页"页面效果示意

图 5 – 68　"建议"页面效果示意

第 6 章

API 应用

学习目标

- ➤ 掌握网络 API
- ➤ 掌握多媒体 API
- ➤ 掌握文件 API
- ➤ 掌握本地数据及缓存 API
- ➤ 掌握位置信息 API
- ➤ 掌握设备相关 API

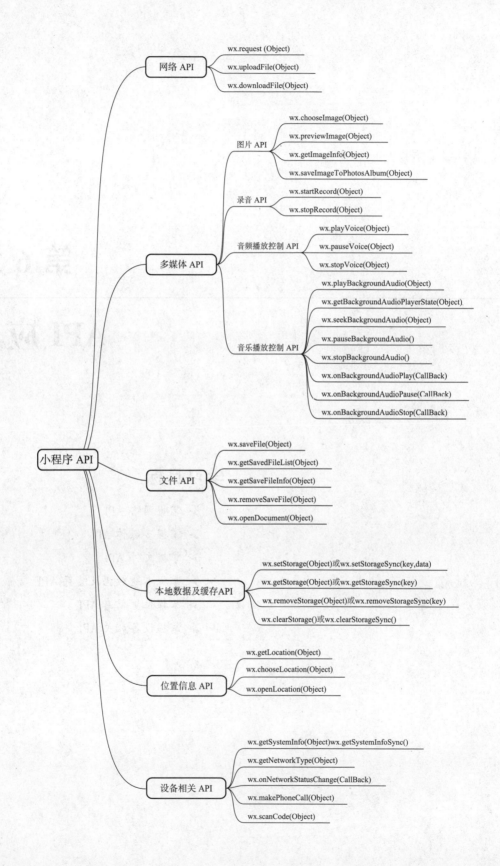

6.1 网络 API

微信小程序处理的数据通常从后台服务器获取，再将处理过的结果保存到后台服务器，这就要求微信小程序要有与后台进行交互的能力。微信原生 API 接口或第三方 API 提供了各类接口实现前后端交互。

网络 API 可以帮助开发者实现网络 URL 访问调用、文件的上传和下载、网络套接字的使用等功能处理。微信开发团队提供了 10 个网络 API 接口。

- wx. request(Object) 接口　用于发起 HTTPS 请求。
- wx. uploadFile(Object) 接口　用于将本地资源上传到后台服务器。
- wx. downloadFile(Object) 接口　用于下载文件资源到本地。
- wx. connectSocket(Object) 接口　用于创建一个 WebSocket 连接。
- wx. sendSocketMessage(Object) 接口　用于实现通过 WebSocket 连接发送数据。
- wx. closeSocket(Object) 接口　用于关闭 WebSocket 连接。
- wx. onSocketOpen(CallBack) 接口　用于监听 WebSocket 连接打开事件。
- wx. onSocketError(CallBack) 接口　用于监听 WebSocket 错误。
- wx. onSocketMessage(CallBack) 接口　用于实现监听 WebSocket 接收到服务器的消息事件。
- wx. onSocketClose(CallBack) 接口　用于实现监听 WebSocket 关闭。

在本节，我们将介绍常用的 3 个网络 API。

6.1.1 发起网络请求

wx. request(Object) 实现向服务器发送请求、获取数据等各种网络交互操作，其相关参数如表 6 – 1 所示。一个微信小程序同时只能有 5 个网络请求连接，并且是 HTTPS 请求。

表 6 – 1　wx. request(Object) 相关参数

参数名	类型	是否必填	说明
url	String	是	开发者服务器的接口地址
data	Object/String/ ArrayBuffer	否	请求的参数
header	Object	否	用于设置请求的 header 类，不能设置 Referer
method	String	否	有效值为 GET 、POST、OPTIONS、HEAD、PUT、DELETE、 TRACE、CONNECT，默认为 GET

续表

参数名	类型	是否必填	说明
success	Function	否	收到开发服务器成功返回的回调函数，包括 data、status-code、header
fail	Function	否	接口调用失败的回调函数
complete	Function	否	接口调用结束的回调函数（无论调用成功还是失败，都会执行）

例如，通过 wx. request(Object) 获取百度(https:// www. baidu. com)首页的数据。（需要在微信公众平台小程序服务器配置中的 request 合法域名中添加"https:// www. baidu. com"。）

示例代码如下：

```
//baidu.wxml
<buttontype = "primary"bindtap = "getbaidutap" >获取 HTML 数据 </but-
ton >
<textareavalue ='{{html}}'auto -heightmaxlength ='0' > </textarea >
//baidu.js
Page({
    data: {
        html:"
    },
    getbaidutap:function(){
        var that = this;
        wx.request({
            url:'https://www.baidu.com',//百度网址
            data: {},//发送数据为空
            header: {'Content -Type': 'application/json'},
            success:function(res){
                console.log(res);
                that.setData({
                html: res.data
                })
            }
        })
    }
})
```

运行效果如图 6 -1 所示。

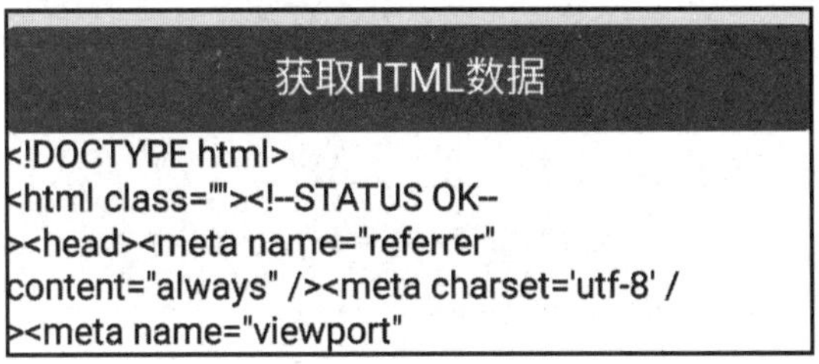

获取HTML数据

```
<!DOCTYPE html>
<html class=""><!--STATUS OK--
><head><meta name="referrer"
content="always" /><meta charset='utf-8' /
><meta name="viewport"
```

图 6 – 1   wx. request(Object)获取百度首页的数据

例如，通过 wx. request(Object) 的 GET 方法获取邮政编码对应的地址信息。

示例代码如下：

```
    //postcode.wxml
<view>邮政编码:</view>
<inputtype="text"bindinput="input"placeholder='6位邮政编码'/>
<buttontype="primary"bindtap="find">查询</button>
<blockwx:for="{{address}}">
    <blockwx:for="{{item}}">
        <text>{{item}}</text>
    </block>
</block>


//postcode.js
Page({
    data:{
        postcode:",//查询的邮政编码
        address:[],//邮政编码对应的地址
        errMsg:",//错误信息
        error_code:-1//错误码
    },
    input:function(e){    //输入事件
        this.setData({
            postcode:e.detail.value,
        })
        console.log(e.detail.value)
    },
    find:function(){//查询事件
    var postcode = this.data.postcode;
```

```
if(postcode ! = null&& postcode ! = ""){
    var self = this;
    //显示 toast 提示消息
    wx.showToast({
        title:'正在查询,请稍候....',
        icon:'loading',
        duration:10000
    });
    wx.request({
        url:'https://v.juhe.cn/postcode/query',//第三方后台服务器
        data: {
            'postcode': postcode,
            'key': '0ff9bfccdf147476e067de994eb5496e'//第三方提供
        },
        header: {
        'Content - Type': 'application/json',
        },
        method:'GET',//方法为 GET
    success:function(res){
        wx.hideToast();//隐藏 toast
        if(res.data.error_code ==0){
        console.log(res);
        self.setData({
            errMsg:",
            error_code: res.data.error_code,//错误代码
            address: res.data.result.list//获取到的数据
            })
        }
        else{
        self.setData({
            errMsg: res.data.reason || res.data.reason,//错误原
因分析

            error_code: res.data.error_code
        })
```

```
                  }
                  }
              })
              }
          }
})
```

运行效果如图 6 – 2 所示。

图 6 – 2　wx. request(Object)　GET 的方法获取数据

例如，通过 wx. request(Object) 的 POST 方法获取邮政编码对应的地址信息。
示例代码如下：

```
//postcode.wxml
<view>邮政编码:</view>
<inputtype = "text"bindinput = "input"placeholder ='6 位邮政编码'/>
<buttontype = "primary"bindtap = "find">查询</button>
<blockwx:for = "{{address}}">
    <blockwx:for = "{{item}}">
        <text>{{item}}</text>
    </block>
</block>

//postcode.js
Page({
    data: {
        postcode:'',//查询的邮政编码
        address:[],//邮政编码对应的地址
        errMsg:'',//错误信息
        error_code:-1//错误码
```

```
    },
    input:function(e){    //输入事件
        this.setData({
            postcode: e.detail.value,
        })
        console.log(e.detail.value)
    },
find:function(){//查询事件
var postcode = this.data.postcode;
if(postcode ! = null&& postcode ! = ""){
    var self = this;
    //显示 toast 提示消息
    wx.showToast({
        title:'正在查询,请稍候....',
        icon:'loading',
        duration:10000
    });
    wx.request({
        url:'https://v.juhe.cn/postcode/query',//第三方后台服务器
        data:{
            'postcode': postcode,
            'key': '0ff9bfccdf147476e067de994eb5496e'//第三方提供
        },
        header:{
            content-type': 'application/x-www-form-urlencoded'
        },
        method:'POST',   //方法为 POST
    success:function(res){
        wx.hideToast();//隐藏 toast
        if(res.data.error_code==0){
        console.log(res);
        self.setData({
            errMsg:'',
            error_code: res.data.error_code,//错误代码
```

```
                    address: res.data.result.list //获取到的数据
                })
            }
            else{
            self.setData({
                errMsg: res.data.reason || res.data.reason, //错误原
因分析

                error_code: res.data.error_code
                })
            }
            }
        })
        }
    }
})
```

运行效果与图 6 - 2 相同。

6.1.2 上传文件

wx. uploadFile(Object)接口用于将本地资源上传到开发者服务器,并在客户端发起一个 HTTPS POST 请求,其相关参数如表 6 - 2 所示。

表 6 - 2 wx. uploadFile(Object) 相关参数

参数	类型	是否必填	说明
url	String	是	开发者服务器的接口地址
filepath	String	是	要上传文件资源的路径
name	String	否	文件对应的 key,开发者在服务器端通过这个 key 可以获取到文件二进制内容
header	Object	否	HTTP 请求 header, header 中不能设置 Referer
formData	Object	否	HTTP 请求其他 form data
success	Function	否	接口调用成功的回调函数
fail	Function	否	接口调用失败的回调函数
complete	Function	否	接口调用结束的回调函数 (无论调用成功还是失败,都会执行)

通过 wx. uploadFile(Object),可以将图片上传到服务器并显示。示例代码如下:

```
//upload.wxml
<buttontype = "primary"bindtap = "uploadimage" >上传图片</button>
<imagesrc = "{{img}}"mode = "widthFix"/>

//upload.js
Page({
  data:{
    img:null,
    },
  uploadimage:function(){
var that = this;
//选择图片
  wx.chooseImage({
    success:function(res){
var tempFilePaths = res.tempFilePaths
      upload(that,tempFilePaths);
    }
  })
}
function upload(page,path){
//显示 toast 提示消息
    wx.showToast({
      icon:"loading",
      title:"正在上传"
    }),
      wx.uploadFile({
        url:"http://localhost/",
        filePath: path[0],
        name:'file',
        success:function(res){
          console.log(res);
if(res.statusCode ! = 200){
          wx.showModal({
            title:'提示',
            content:'上传失败',
            showCancel:false
```

```
                |)
return;
              |}
var data = res.data
          page.setData({ //上传成功修改显示头像
           img: path[0]
          })
        },
      fail:function(e){
        console.log(e);
        wx.showModal({
          title:'提示',
          content:'上传失败',
          showCancel:false
        })
      },
      complete:function(){
//隐藏 Toast
        wx.hideToast();
      }
    })
  }
 }
})
```

运行效果如图6-3所示。

图6-3   wx. uploadFile( )效果示例

6.1.3 下载文件

wx. downloadFile(Object)接口用于实现从开发者服务器下载文件资源到本地，在客户端直接发起一个 HTTP GET 请求，返回文件的本地临时路径。其相关参数如表6-3所示。

表6-3　wx. downloadFile(Object) 相关参数

参数	类型	是否必填	说明
url	String	是	下载资源的服务器接口地址
header	Object	否	HTTP 请求 header，header 中不能设置 Referer
success	Function	否	接口调用成功的回调函数
fail	Function	否	接口调用失败的回调函数
complete	Function	否	接口调用结束的回调函数（无论调用成功还是失败，都会执行）

例如，通过 wx. downloadFile(Object) 实现从服务器中下载图片，后台服务采用 WAMP 软件在本机搭建。

示例代码如下：

```
//downloadFile.wxml
<buttontype = "primary"bindtap ='downloadimage' >下载图像</button>
<imagesrc = "{{img}}"mode = 'widthFix'style = "width:90% ;height:500px" > </image>
//downloadFile.js
Page({
  data:{
img:null
  },
downloadimage: function(){
var that = this;
  wx.downloadFile({
    url:"http://localhost/1.jpg",//通过 WAMP 软件实现
    success:function(res){
      console.log(res)
      that.setData({
        img: res.tempFilePath
      })
    }
  })
```

```
    |
    |)
```

运行效果如图 6 - 4 所示。

图 6 - 4　wx. downloadFile(Object) 效果示例

6.2　多媒体 API

多媒体 API 主要包括图片 API、录音 API、音频播放控制 API、音乐播放控制 API 等，其目的是丰富小程序的页面功能。

6.2.1　图片 API

图片 API 实现对相机拍照图片或本地相册图片进行处理，主要包括以下 4 个 API 接口：

■ wx. chooseImage(Object) 接口　用于从本地相册选择图片或使用相机拍照。

■ wx. previewImage(Object) 接口　用于预览图片。

■ wx. getImageInfo(Object) 接口　用于获取图片信息。

■ wx. saveImageToPhotosAlbum(Object) 接口　用于保存图片到系统相册。

1. 选择图片或拍照

wx. chooseImage(Object) 接口用于从本地相册选择图片或使用相机拍照。拍照时产生的临时路径在小程序本次启动期间可以正常使用，若要持久保存，则需要调用 wx. saveFile 保存图片到本地。其相关参数如表 6 - 4 所示。

表 6 - 4　wx. chooseImage(Object) 相关参数

参数	类型	是否必填	说明
count	Number	否	最多可以选择的图片张数，默认值为 9
sizeType	StringArray	否	original 为原图，compressed 为压缩图，默认二者都有
sourceType	StringArray	否	album 为从相册选图，camera 为使用相机，默认二者都有

参数	类型	是否必填	说明
success	Function	是	接口调用成功, 返回图片的本地文件路径列表 tempFilePaths
fail	Function	否	接口调用失败的回调函数
complete	Function	否	接口调用结束的回调函数（无论调用成功还是失败, 都会执行）

若调用成功, 则返回 tempFilePaths 和 tempFiles, tempFilePaths 表示图片在本地临时文件路径列表。tempFiles 表示图片的本地文件列表, 包括 path 和 size。

示例代码如下:

```
wx.chooseImage({
    count: 2, //默认值为 9
    sizeType: ['original','compressed'], //可以指定是原图还是压缩图,默认二者都有
    sourceType: ['album','camera'], //可以指定来源是相册还是相机,默认二者都有
    success: function(res){
//返回选定照片的本地文件路径列表,tempFilePath 可以作为 img 标签的 src 属性来显示图片
    var tempFilePaths = res.tempFilePaths
    var tempFiles =res.tempFiles;
    console.log(tempFilePaths)
    console.log(tempFiles)
    }

})
```

2. 预览图片

wx. previewImage(Object) 接口主要用于预览图片, 其相关参数如表 6-5 所示。

表 6-5　wx. previewImage(Object) 相关参数

参数	类型	是否必填	说明
current	Number	否	当前显示图片的链接, 不填则默认为 urls 的第一张
urls	StringArray	是	需要预览的图片链接列表
success	Function	否	接口调用成功的回调函数, 返回图片的 width 和 height
fail	Function	否	接口调用失败的回调函数
complete	Function	否	接口调用结束的回调函数（无论调用成功还是失败, 都会执行）

示例代码如下：

```
wx.previewImage({
  //定义显示第二张
  current: " http://bmob - cdn - 16488.b0.upaiyun.com/2018/02/05/
2.png",
  urls: ["http://bmob-cdn-16488.b0.upaiyun.com/2018/02/05/1.png",
  "http://bmob-cdn-16488.b0.upaiyun.com/2018/02/05/2.png",
  "http://bmob-cdn-16488.b0.upaiyun.com/2018/02/05/3.jpg"
  ]
})
```

3. 获取图片信息

wx. getImageInfo(Object) 接口用于获取图片信息，其相关参数如表 6 – 6 所示。

表 6 – 6 wx. getImageInfo(Object) 相关参数

参数	类型	是否必填	说明
src	String	是	图片的路径，可以是相对/临时文件/网络/存储路径
success	Function	否	接口调用成功的回调函数，返回图片的 width 和 height
fail	Function	否	接口调用失败的回调函数
complete	Function	否	接口调用结束的回调函数（无论调用成功还是失败，都会执行）

示例代码如下：

```
wx.chooseImage({
    success:function(res){
      wx.getImageInfo({
        src: res.tempFilePaths[0],
        success:function(e){
          console.log(e.width)
          console.log(e.height)
        }
    })
  },
})
```

4. 保存图片到系统相册

wx. saveImageToPhotosAlbum（Object）接口用于保存图片到系统相册，需要得到用户授权 scope. writePhotosAlbum。其相关参数如表6-7所示。

表6-7 wx. saveImageToPhotosAlbum（Object）相关参数

参数	类型	是否必填	说明
filePath	String	是	图片文件路径，可以是临时文件路径也可以是永久文件路径，不支持网络图片路径
success	Function	否	接口调用成功的回调函数，返回图片的 width 和 height
fail	Function	否	接口调用失败的回调函数
complete	Function	否	接口调用结束的回调函数（无论调用成功还是失败，都会执行）

示例代码如下：

```
wx.chooseImage({
  success:function(res){
    wx.saveImageToPhotosAlbum({
      filePath: res.tempFilePaths[0],
      success:function(e){
        console.log(e)
      }
    })
  },
})
```

6.2.2 录音 API

录音 API 提供了语音录制的功能，主要包括以下两个 API 接口：

■ wx. startRecord（Object）接口 用于实现开始录音。

■ wx. stopRecord（Object）接口 用于实现主动调用停止录音。

1. 开始录音

wx. startRecord（Object）接口用于实现开始录音。当主动调用 wx. stopRecord（Object）接口或者录音超过1分钟时，系统自动结束录音，并返回录音文件的临时文件路径。若要持久保存，则需要调用 wx. saveFile（）接口。其相关参数如表6-8所示。

表 6 – 8　wx. startRecord(Object) 相关参数

参数	类型	是否必填	说明
success	Function	否	录音成功后调用, 返回录音文件的临时文件路径, res = {tempFilePath:'录音文件的临时路径'}
fail	Function	否	接口调用失败的回调函数
complete	Function	否	接口调用结束的回调函数 (无论调用成功还是失败, 都会执行)

2. 停止录音

wx. stopRecord(Object) 接口用于实现主动调用停止录音。

示例代码如下:

```
wx.startRecord)
({
  success: function(res){
    var tempFilePath = res.tempFilePath
  },
  fail: function(res){
    //录音失败
  }
})
setTimeout(function(){
  //结束录音
  wx.stopRecord()
},10000)
```

6.2.3　音频播放控制 API

音频播放控制 API 主要用于对语音媒体文件的控制, 包括播放、暂停、停止及 audio 组件的控制, 主要包括以下 3 个 API:

■ wx. playVoice(Object) 接口　用于实现开始播放语音。

■ wx. pauseVoice(Object) 接口　用于实现暂停正在播放的语音。

■ wx. stopVoice(Object) 接口　用于结束播放语音。

1. 播放语音

wx. playVoice(Object)接口用于开始播放语音, 同时只允许一个语音文件播放, 如果前一个语音文件还未播放完, 则中断前一个语音文件的播放。其相关参数如表 6 –9 所示。

表 6 – 9   wx. playVoice(Object) 相关参数

参数	类型	是否必填	说明
filePath	String	是	需要播放的语音文件的文件路径
duration	Number	否	用于指定录音时长（单位为秒，默认值为 60），到达指定的录音时长后，自动停止录音
success	Function	否	接口调用成功的回调函数
fail	Function	否	接口调用失败的回调函数
complete	Function	否	接口调用结束的回调函数（无论调用成功还是失败，都会执行）

示例代码如下：

```
wx.startRecord({
  success: function(res){
    var tempFilePath = res.tempFilePath
    wx.playVoice({   //录音完后立即播放
      filePath: tempFilePath,
      complete: function(){
        }
    })
  }
})
```

2. 暂停播放

wx. pauseVoice(Object) 用于暂停正在播放的语音。再次调用 wx. playVoice(Object) 播放同一个文件时，会从暂停处开始播放。如果想从头开始播放，则需要先调用 wx. stopVoice (Object)。

示例代码如下：

```
  wx.startRecord({
success: function(res){
    var tempFilePath = res.tempFilePath
      wx.playVoice({
filePath: tempFilePath
    })


    setTimeout(function(){
```

```
    //暂停播放
      wx.pauseVoice()
    },5000)
  }
})
```

3. 结束播放

wx. stopVoice(Object) 用于结束播放语音。

示例代码如下：

```
wx.startRecord({
  success: function(res){
    var tempFilePath = res.tempFilePath
    wx.playVoice({
      filePath:tempFilePath
    })

    setTimeout(function(){
      wx.stopVoice()
    },5000)
  }
})
```

6.2.4 音乐播放控制 API

音乐播放控制 API 主要用于实现对背景音乐的控制，音乐文件只能是网络流媒体，不能是本地音乐文件。音乐播放控制 API 主要包括以下 8 个 API：

■ wx. playBackgroundAudio(Object) 接口 用于播放音乐。

■ wx. getBackgroundAudioPlayerState(Object) 接口 用于获取音乐播放状态。

■ wx. seekBackgroundAudio(Object) 接口 用于定位音乐播放进度。

■ wx. pauseBackgroundAudio( ) 接口 用于实现暂停播放音乐。

■ wx. stopBackgroundAudio( ) 接口 用于实现停止播放音乐。

■ wx. onBackgroundAudioPlay(CallBack) 接口 用于实现监听音乐播放。

■ wx. onBackgroundAudioPause(CallBack) 接口 用于实现监听音乐暂停。

■ wx. onBackgroundAudioStop(CallBack) 接口 用于实现监听音乐停止。

1. 播放音乐

wx. playBackgroundAudio(Object) 用于播放音乐，同一时间只能有一首音乐处于播放状态，其相关参数如表 6-10 所示。

表 6-10　wx. playBackgroundAudio(Object) 相关参数

参数	类型	是否必填	说明
dataUrl	String	是	音乐播放地址，目前支持的格式有 m4a、aac、mp3、wav
title	String	否	音乐标题
coverImgUrl	String	否	音乐封面图的服务器地址
success	Function	否	接口调用成功的回调函数
fail	Function	否	接口调用失败的回调函数
complete	Function	否	接口调用结束的回调函数（无论调用成功还是失败，都会执行）

示例代码如下：

```
wx.playBackgroundAudio({
    dataUrl: 'http://bmob - cdn - 16488.b0.upaiyun.com/2018/02/
09/117e4a1b405195b18061299e2de89597.mp3',
    title:'有一天',
    coverImgUrl:'http://bmob - cdn - 16488.b0.upaiyun.com/2018/
02/09/f604297140c9681880cc3d3e581f7724.jpg',
success:function(res){
    console.log(res)//成功返回 playBackgroundAudio:ok
    }
})
```

2. 获取音乐播放状态

wx. getBackgroundAudioPlayerState(Object) 接口用于获取音乐播放状态，其相关参数如表 6-11 所示。

表 6-11　wx. getBackgroundAudioPlayerState(Object) 相关参数

参数	类型	是否必填	说明
success	Function	否	接口调用成功的回调函数
fail	Function	否	接口调用失败的回调函数
complete	Function	否	接口调用结束的回调函数（无论调用成功还是失败，都会执行）

接口调用成功后返回的参数如表 6-12 所示。

表 6 – 12　wx. getBackgroundAudioPlayerState（Object）成功返回相关参数

参数	说明
duration	选定音频的长度时间（单位：秒），只有在当前有音乐播放时返回
currentPosition	选定音频的播放位置（单位：秒），只有在当前有音乐播放时返回
status	播放状态（"2"为没有音乐在播放，"1"为播放中，"0"为暂停中）
downloadPercent	音频的下载进度（整数，80 代表 80%），只有在当前有音乐播放时返回
dataUrl	歌曲数据链接，只有在当前有音乐播放时返回

示例代码如下：

```
wx.getBackgroundAudioPlayerState({
    success:function(res){
var status = res.status
var dataUrl = res.dataUrl
var currentPosition = res.currentPosition
var duration = res.duration
var downloadPercent = res.downloadPercent
    console.log("播放状态:" +status)
    console.log("音乐文件地址:" + dataUrl)
    console.log("音乐文件当前播放位置:" +currentPosition)
    console.log("音乐文件的长度:" +duration)
    console.log("音乐文件的下载进度:" +status)
    }
})
```

3. 控制音乐播放进度

wx. seekBackgroundAudio（Object）接口用于控制音乐播放进度，其相关参数如表 6 – 13 所示。

表 6 – 13　wx. seekBackgroundAudio（Object）相关参数

参数	类型	是否必填	说明
position	Number	是	音乐位置（单位：秒）
success	Function	否	接口调用成功的回调函数
fail	Function	否	接口调用失败的回调函数
complete	Function	否	接口调用结束的回调函数（无论调用成功还是失败，都会执行）

示例代码如下：

```
wx.seekBackgroundAudio({
    position: 30
})
```

4. 暂停播放音乐

wx. pauseBackgroundAudio( ) 接口用于暂停播放音乐。

示例代码如下:

```
wx.playBackgroundAudio{
    dataUrl:'/music/a.mp3',
    title:'我的音乐',
    coverImgUrl:'/images/poster.jpg',
    success:function(){
        console.log('开始播放音乐了');
    }
});
setTimeout(function(){
    console.log('暂停播放');
    wx.pauseBackgroundAudio();
},5000);//5 秒后自动暂停
```

5. 停止播放音乐

wx. stopBackgroundAudio( ) 接口用于停止播放音乐。

示例代码如下:

```
wx.playBackgroundAudio{
    dataUrl:'/music/a.mp3',
    title:'我的音乐',
    coverImgUrl:'/images/poster.jpg',
    success:function(){
        console.log('开始播放音乐了');
    }
});
setTimeout(function(){
    console.log('暂停播放');
    wx.stopBackgroundAudio();
},5000);//5 秒后自动停止
```

6. 监听音乐播放

wx. onBackgroundAudioPlay(CallBack)接口用于实现监听音乐播放,通常被 wx. playBack-groundAudio(Object)方法触发,在 CallBack 中可改变播放图标。

示例代码如下:

```
wx.playBackgroundAudio({
    dataUrl:this.data.musicData.dataUrl,
    title:this.data.musicData.title,
    coverImgUrl:this.data.musicData.coverImgUrl,
    success:function(){
      wx.onBackgroundAudioStop(function(){
        that.setData({
    isPlayingMusic: false
    })
  })
})
```

7. 监听音乐暂停

wx. onBackgroundAudioPause(CallBack)接口用于实现监听音乐暂停,通常被 wx. pause-BackgroundAudio()方法触发。在 CallBack 中可以改变播放图标。

8. 监听音乐停止

wx. onBackgroundAudioStop(CallBack) 接口用于实现监听音乐停止,通常被音乐自然播放停止或 wx. seekBackgroundAudio(Object)方法导致播放位置等于音乐总时长时触发。在 CallBack 中可以改变播放图标。

图 6-5 音乐播放示例

9. 案例展示

在此,以小程序 music 为案例来展示音乐 API 的使用。该小程序的 4 个页面文件分别为 music. wxml、music. wxss、music. json 和 music. cojs。实际效果如图 6-5 所示。

music. wxml 的代码如下:

```
<viewclass = "container" >
<imageclass = "bgaudio" src = "{{changedImg? music.coverImg:'/image/background.png'}}"/>
<viewclass = "control-view" >
<!-- 使用 data-how 定义一个0表示快退10秒 -->
```

```
< imagesrc = "/image/pre.png"bindtap = "onPositionTap"data - how = "0"/>
< imagesrc = "/image/{{ isPlaying? 'pause':'play'}} .png" bindtap = "
onAudioTap"/>
< imagesrc = "/image/stop.png"bindtap = "onStopTap"/>
<! -- 使用 data - how 定义一个 1 表示快进 10 秒 -->
< imagesrc = "/image/next.png"bindtap = "onPositionTap"data - how = "1"/>
< /view >
< /view >
```

music. wxss 代码如下:

```
.bgaudio{
height:350 rpx;
width:350 rpx;
margin - bottom:100 rpx;
}
.control - viewimage{
height:64 rpx;
width:64 rpx;
margin:30 rpx;
}
```

music. json 的代码如下:

```
{ }
```

music. js 代码如下:

```
1  Page({
2    data: {
3  //记录播放状态
4    isPlaying:false,
5  //记录 coverImg ,仅当音乐初始时和播放停止时,使用默认的图片。播放中和暂停时,
都使用当前音乐的图片
6  coverImg
7    changedImg:false,
8  //音乐内容
9    music: {
10 "url":
```

```
11    "http://bmob-cdn-16488.b0.upaiyun.com/2018/02/09/117e4a1b40
5195b18061299e2de89597.mp3",
12    "title":"盛晓玫-有一天",
13    "coverImg":
14    "http://bmob-cdn-16488.b0.upaiyun.com/2018/02/09/f604297140c
9681880cc3d3e581f7724.jpg"
15      },
16    },
17    onLoad:function(){
18  //页面加载时,注册监听事件
19  this.onAudioState();
20    },
21  //点击播放或者暂停按钮时触发
22    onAudioTap:function(event){
23  if(this.data.isPlaying){
24  //如果在正常播放状态,就暂停,并修改播放的状态
25      wx.pauseBackgroundAudio();
26    }else{
27  //如果在暂停状态,就开始播放,并修改播放的状态
28  let music = this.data.music;
29      wx.playBackgroundAudio({
30        dataUrl: music.url,
31        title: music.title,
32        coverImgUrl: music.coverImg
33      })
34    }
35  },
36  //点击即可停止播放音乐
37   onStopTap:function(){
38  let that = this;
39    wx.stopBackgroundAudio({
40      success:function(){
41  //改变 coverImg 和播放状态
42        that.setData({ isPlaying:false,changedImg: false });
```

```
43         }
44     })
45   },
46   //点击"快进10秒"或者"快退10秒"时,触发
47   onPositionTap:function(event){
48   let how = event.target.dataset.how;
49   //获取音乐的播放状态
50     wx.getBackgroundAudioPlayerState({
51       success:function(res){
52   //仅在音乐播放中,快进和快退才生效
53   //音乐的播放状态,1 表示播放中
54   let status = res.status;
55   if(status === 1){
56   //音乐的总时长
57   let duration = res.duration;
58   //音乐播放的当前位置
59   let currentPosition = res.currentPosition;
60   if(how === "0"){
61   //注意:快退时,当前播放位置快退10秒小于0时,直接设置position为1;否则,直
接减去10秒
63   //快退到达的位置
64   let position = currentPosition - 10;
65   if(position <0){
66             position =1;
67         }
68   //执行快退
69         wx.seekBackgroundAudio({
70           position: position
71         });
72   //给出一个友情提示,在实际应用中,请删除!!!
73         wx.showToast({ title:"快退10s",duration:500 });
74       }
75   if(how === "1"){
```

```
76   //注意:快进时,当前播放位置快进10秒后大于总时长时,直接设置position为总时
长减1
77   //快进到达的位置
78   let position = currentPosition + 10;
79   if(position > duration){
80               position = duration -1;
81           }
82   //执行快进
83           wx.seekBackgroundAudio({
84             position: position
85           });
86   //给出一个友情提示,在实际应用中,请删除!!!
87           wx.showToast({ title:"快进10s",duration:500 });
88         }
89       }else {
90   //给出一个友情提示,在实际应用中,请删除!!!
91           wx.showToast({ title:"音乐未播放",duration: 800 });
92       }
93     }
94   })
95   },
96   //音乐播放状态
97   onAudioState:function(){
98   let that = this;
99     wx.onBackgroundAudioPlay(function(){
100  //当 wx.playBackgroundAudio()执行时触发
101  //改变 coverImg 和播放状态
102       that.setData({ isPlaying:true,changedImg: true });
103       console.log("on play");
104   });
105   wx.onBackgroundAudioPause(function(){
106  //当 wx.pauseBackgroundAudio()执行时触发
107  //仅改变播放状态
108       that.setData({ isPlaying:false });
```

```
109        console.log("on pause");
110    });
111    wx.onBackgroundAudioStop(function(){
112    //当音乐自行播放结束时触发
113    //改变 coverImg 和播放状态
114        that.setData({ isPlaying:false,changedImg: false });
115        console.log("on stop");
116    });
117   }
118 })
```

6.3　文件 API

从网络上下载或录音的文件都是临时保存的，若要持久保存，需要用到文件 API。文件 API 提供了打开、保存、删除等操作本地文件的能力，主要包括以下 5 个 API 接口：

■ wx. saveFile(Object) 接口　用于保存文件到本地。

■ wx. getSavedFileList(Object) 接口　用于获取本地已保存的文件列表。

■ wx. getSaveFileInfo(Object) 接口　用于获取本地文件的文件信息。

■ wx. removeSaveFile(Object) 接口　用于删除本地存储的文件。

■ wx. openDocument(Object) 接口　用于新开页面打开文档，支持格式：doc、xls、ppt、pdf、docx、xlsx、ppts。

1. 保存文件

wx. saveFile(Object)用于保存文件到本地，其相关参数如表 6 – 14 所示。

表 6 – 14　wx. saveFile(Object) 相关参数

参数	类型	是否必填	说明
tempFilePath	String	是	需要保存的文件的临时路径
success	Function	否	返回文件的保存路径
fail	Function	否	接口调用失败的回调函数
complete	Function	否	接口调用结束的回调函数（无论调用成功还是失败，都会执行）

部分示例代码如下：

```
saveImg:function(){
  wx.chooseImage({
```

```
    count:1,//默认值为9
    sizeType:['original','compressed'],//可以指定是原图还是压缩图,默认
二者都有
    sourceType:['album','camera'],//可以指定来源是相册还是相机,默认二者
都有
    success:function(res){
  var tempFilePaths = res.tempFilePaths[0]
      wx.saveFile({
        tempFilePath: tempFilePaths,
        success:function(res){
  var saveFilePath = res.savedFilePath;
          console.log(saveFilePath)
        }
    })
      }
    })
  }
```

2. 获取本地文件列表

wx. getSavedFileList（Object）接口用于获取本地已保存的文件列表，如果调用成功，则返回文件的本地路径、文件大小和文件保存时的时间戳（从 1970/01/01 08：00：00 到当前时间的秒数）文件列表。其相关参数如表 6 – 15 所示。

表 6 – 15　wx. getSavedFileList（Object）相关参数

参数	类型	是否必填	说明
success	Function	否	接口调用成功的回调函数，返回 FileList 文件列表
fail	Function	否	接口调用失败的回调函数
complete	Function	否	接口调用结束的回调函数（无论调用成功还是失败，都会执行）

示例代码如下：

```
wx.getSavedFileList({
  success:function(res){
  that.setData({
    fileList:res.fileList
```

```
})
}
})
```

3. 获取本地文件的文件信息

wx. getSaveFileInfo(Object)接口用于获取本地文件的文件信息，此接口只能用于获取已保存到本地的文件，若需要获取临时文件信息，则使用 wx. getFileInfo(Object)接口。其相关参数如表 6 – 16 所示。

表 6 – 16　wx. getSaveFileInfo(Object)　相关参数

参数	类型	是否必填	说明
filePath	String	是	文件路径
success	Function	否	接口调用成功的回调函数，返回文件大小
fail	Function	否	接口调用失败的回调函数
complete	Function	否	接口调用结束的回调函数（无论调用成功还是失败，都会执行）

示例代码如下：

```
wx.chooseImage({
count:1,//默认值为9
sizeType:['original','compressed'],//可以指定是原图还是压缩图,默认
二者都有
sourceType:['album','camera'],//可以指定来源是相册还是相机,默认二者
都有
success:function(res){
var tempFilePaths = res.tempFilePaths[0]
    wx.saveFile({
        tempFilePath:tempFilePaths,
        success:function(res){
var saveFilePath = res.savedFilePath;
            wx.getSavedFileInfo({
                filePath:saveFilePath,
                success:function(res){
                    console.log(res.size)
                }
```

```
        })
      }
    })
  }
})
```

4. 删除本地文件

wx. removeSaveFile(Object)接口用于删除本地存储的文件,其相关参数如表 6 – 17 所示。

表 6 – 17　wx. removeSaveFile(Object)　相关参数

参数	类型	是否必填	说明
filePath	String	是	文件路径
success	Function	否	接口调用成功的回调函数
fail	Function	否	接口调用失败的回调函数
complete	Function	否	接口调用结束的回调函数（无论调用成功还是失败,都会执行）

从文件列表中删除第一个文件,示例代码如下:

```
wx.getSavedFileList({
  success: function(res){
    if(res.fileList.length > 0){
      wx.removeSavedFile({
        filePath: res.fileList[0].filePath,
        complete: function(res){
          console.log(res)
        }
      })
    }
  }
})
```

5. 打开文档

wx. openDocument(Object)接口用于新开页面打开文档,支持格式有 doc、xls、ppt、pdf、docx、xlsx、pptx,其相关参数如表 6 – 18 所示。

表 6 – 18   wx. openDocument( ) 相关参数

参数	类型	是否必填	说明
filePath	String	是	文件路径，可通过 downFile 获得
fileType	String	否	文件类型，指定文件类型打开文件，有效值：doc、xls、ppt、pdf、docx、xlsx、pptx
success	Function	否	接口调用成功的回调函数
fail	Function	否	接口调用失败的回调函数
complete	Function	否	接口调用结束的回调函数（无论调用成功还是失败，都会执行）

示例代码如下：

```
wx.downloadFile({
    url:"http://localhost/fm2.pdf",  //在本地通过wxamp搭建服务器
    success:function(res){
var tempFilePath = res.tempFilePath;
    wx.openDocument({
        filePath: tempFilePath,
        success:function(res){
          console.log("打开成功")
        }
    })
}
   })
```

6.4   本地数据及缓存 API

小程序提供了以键值对的形式进行本地数据缓存功能，并且是永久存储的，但最大不超过 10 MB，其目的是提高加载速度。数据缓存的接口主要有 4 个：

■ wx. setStorage(Object) 或 wx. setStorageSync(key,data) 接口   用于设置缓存数据。

■ wx. getStorage(Object) 或 wx. getStorageSync(key) 接口   用于获取缓存数据。

■ wx. removeStorage(Object) 或 wx. removeStorageSync(key) 接口   用于删除指定缓存数据。

■ wx. clearStorage( ) 或 wx. clearStorageSync( ) 接口   用于清除缓存数据。

其中，带 Sync 后缀的为同步接口，不带 Sync 后缀的为异步接口。

6.4.1   保存数据

1. wx. setStorage(Object)

wx. setStorage(Object)接口将数据存储到本地缓存接口指定的 key 中，接口执行后会覆盖

原来 key 对应的内容。其参数如表 6 - 19 所示。

表 6 - 19　wx. setStorage(Object) 相关参数

参数	类型	是否必填	说明
key	String	是	本地缓存中指定的 key
data	Object/String	是	需要存储的内容
success	Function	否	接口调用成功的回调函数
fail	Function	否	接口调用失败的回调函数
complete	Function	否	接口调用结束的回调函数（无论调用成功还是失败，都执行）

示例代码如下：

```
wx.setStorage({
    key:'name',
    data:'sdy',
    success:function(res){
      console.log(res)
    }
})
```

2. wx. setStorageSync(key,data)

wx. setStorageSync(key,data)是同步接口，其参数只有 key 和 data。

示例代码如下：

```
wx.setStorageSync('age','25')
```

6.4.2　获取数据

1. wx. getStorage(Object)

wx. getStorage(Object) 接口是从本地缓存中异步获取指定 key 对应的内容。其相关参数如表 6 - 20 所示。

表 6 - 20　wx. getStorage(Object) 相关参数

参数	类型	是否必填	说明
key	String	是	本地缓存中指定的 key
success	Function	否	接口调用成功的回调函数
fail	Function	否	接口调用失败的回调函数
complete	Function	否	接口调用结束的回调函数（无论调用成功还是失败，都执行）

示例代码如下：

```
wx.getStorage({
  key:'name',
    success:function(res){
console.log(res.data)
      },
})
```

2. wx.getStorageSync(key)

wx.getStorageSync(key)从本地缓存中同步获取指定 key 对应的内容。其参数只有 key。

示例代码如下：

```
try {
  var value = wx.getStorageSync('age')
  if(value){
    console.log("获取成功" + value)
  }
} catch(e){
  console.log("获取失败")
}
```

6.4.3 删除数据

1. wx. removeStorage(Object)

wx. removeStorage(Object) 接口用于从本地缓存中异步移除指定 key。其相关参数如表 6 – 21 所示。

表 6 – 21   wx. removeStorage(Object) 相关参数

参数	类型	是否必填	说明
key	String	是	本地缓存中指定的 key
success	Function	否	接口调用成功的回调函数
fail	Function	否	接口调用失败的回调函数
complete	Function	否	接口调用结束的回调函数（无论调用成功还是失败，都执行）

示例代码如下：

```
wx.removeStorage({
  key:'name',
  success:function(res){
    console.log("删除成功")
```

```
  },
  fail:function(){
    console.log("删除失败")
  }
})
```

2. wx. removeStorageSync(key)

wx. removeStorageSync(key)接口用于从本地缓存中同步删除指定 key 对应的内容。其参数只有 key。

示例代码如下：

```
try {
  wx.removeStorageSync('name')
} catch(e){
  //Do something when catch error
}
```

6.4.4 清空数据

1. wx. clearStorage( )

wx. clearStorage( ) 接口用于异步清理本地数据缓存，没有参数。

示例代码如下：

```
wx.getStorage({
 key:'name',
  success: function (res) {
    wx.clearStorage()    //清理本地数据缓存
    },
})
```

2. wx. clearStroageSync( )

wx. clearStroageSync( ) 接口用于同步清理本地数据缓存。

示例代码如下：

```
try {
  wx.clearStorageSync()
} catch (e) {

 }
```

6.5 位置信息 API

小程序可以通过位置信息 API 来获取或显示本地位置信息，小程序支持 WGS84 和 GCj02 标准，WGS84 标准为地球坐标系，是国际上通用的坐标系；GCj02 标准是中国国家测绘局制定的地理信息系统的坐标系统，是由 WGS84 坐标系经加密后的坐标系，又称为火星坐标系。默认为 WGS84 标准，若要查看位置需要使用 GCj02 标准。主要包括以下 3 个 API 接口：

- wx. getLocation(Object) 接口　用于获取位置信息。
- wx. chooseLocation(Object) 接口　用于选择位置信息。
- wx. openLocation(Object) 接口　用于通过地图显示位置。

6.5.1 获取位置信息

wx. getLocation(Object)接口用于获取当前用户的地理位置、速度，需要用户开启定位功能，当用户离开小程序后，无法获取当前的地理位置及速度，当用户点击"显示在聊天顶部"时，可以获取到定位信息，其相关参数如表 6 – 22 所示。

表 6 – 22　wx. getLocation(Object) 相关参数

参数	类型	是否必填	说明
type	String	否	默认支持 WGS84 标准，返回 GPS 坐标，GCj02 标准返回可以用于 wx. openLocation 的坐标
altitude	Boolean	否	传入 true 会返回高度信息，由于获取高度需要较高的精确度，会减慢接口返回速度
success	Function	是	接口调用成功的回调函数，返回内容详见返回参数说明
fail	Function	否	接口调用失败的回调函数
complete	Function	否	接口调用结束的回调函数（无论调用成功还是失败，都会执行）

wx. getLocation(Object) 调用成功后，返回的参数如表 6 – 23 所示。

表 6 – 23　wx. getLocation(Object) 成功返回相关信息

参数	说明
latitude	纬度，浮点数，范围为 – 90 ~ 90，负数表示南纬
longitude	经度，浮点数，范围为 – 180 ~ 180，负数表示西经
speed	速度，浮点数，单位为 m/s
accuracy	位置的精确度
altitude	高度，单位为 m
verticalAccuracy	垂直精度，单位为 m（Android 无法获取，返回 0）
horizontalAccuracy	水平精度，单位为 m

示例代码如下：

```
wx.getLocation({
type:'wgs84',
    success:function(res){
      console.log("经度:"+res.longitude);
      console.log("纬度:" + res.latitude);
      console.log("速度:" + res.longitude);
      console.log("位置的精确度:" + res.accuracy);
      console.log("水平精确度:" + res.horizontalAccuracy);
      console.log("垂直精确度:" + res.verticalAccuracy);
    },
  })
```

运行结果如图6-6所示。

6.5.2 选择位置信息

wx. chooseLocation(Object)接口用于在打开的地图中选择位置，用户选择位置后可返回当前位置的名称、地址、经纬度信息。其相关参数如表6-24所示。

| 经度: 108.90688 |
| 纬度: 34.15775 |
| 速度: 108.90688 |
| 位置的精确度: 65 |
| 水平精确度: 65 |
| 垂直精确度: 65 |

图6-6 地理位置信息

表6-24 wx. chooseLocation(Object) 相关参数

参数	类型	是否必填	说明
success	Function	是	接口调用成功的回调函数，返回内容详见返回参数说明
fail	Function	否	接口调用失败的回调函数
complete	Function	否	接口调用结束的回调函数（无论调用成功还是失败，都会执行）

wx. chooseLocation(Object)调用成功后，返回的参数如表6-25所示。

表6-25 wx. chooseLocation(Object) 成功返回相关信息

参数	说明
name	位置名称
address	详细地址
latitude	纬度，浮点数，范围为 -90~90，负数表示南纬
longitude	经度，浮点数，范围为 -180~180，负数表示西经

示例代码如下：

```
wx.chooseLocation({
    success:function(res){
        console.log("位置的名称:"+res.name)
        console.log("位置的地址:" + res.address)
        console.log("位置的经度:" + res.longitude)
        console.log("位置的纬度:" + res.latitude)
    }
})
```

选择位置确定后，返回结果如图 6 - 7 所示。

图 6 - 7　选择定位

6.5.3　显示位置信息

wx. openLocation(Object)接口用于在微信内置地图中显示位置信息，其相关参数如表 6 - 26 所示。

表 6 - 26　wx. openLocation（Object）相关参数

参数	类型	是否必填	说明
latitude	Float	是	纬度，范围为 - 90 ~ 90，负数表示南纬
longitude	Float	是	经度，范围为 - 180 ~ 180，负数表示西经
scale	INT	否	缩放比例，范围为 5 ~ 18，默认值为 18
name	String	否	位置名
address	String	否	地址的详细说明

参数	类型	是否必填	说明
success	Function	否	接口调用成功的回调函数
fail	Function	否	接口调用失败的回调函数

示例代码如下：

```
wx.getLocation({
type:'gcj02',//返回可以用于wx.openLocation的经纬度
    success:function(res){
var latitude = res.latitude
var longitude = res.longitude
    wx.openLocation({
        latitude: latitude,
        longitude: longitude,
        scale:10,
        name:'智慧国际酒店',
        address:'西安市长安区西长安区300号'
    })
  }
})
```

运行效果如图6-8所示。

图6-8 显示地图

6.6 设备相关 API

设备相关的接口用于获取设备相关信息，主要包括系统信息、网络状态、拨打电话及扫码等。主要包括以下 5 个接口 API：

■ wx. getSystemInfo(Object) 接口、wx. getSystemInfoSync( ) 接口　用于获取系统信息。

■ wx. getNetworkType(Object) 接口　用于获取网络类型。

■ wx. onNetworkStatusChange(CallBack) 接口　用于监测网络状态改变。

■ wx. makePhoneCall(Object) 接口　用于拨打电话。

■ wx. scanCode(Object) 接口　用于扫描二维码。

6.6.1 获取系统信息

wx. getSystemInfo(Object)接口、wx. getSystemInfoSync( )接口分别用于异步和同步获取系统信息。其相关参数如表 6 – 27 所示。

表 6 – 27　wx. getSystemInfo(Object)接口、wx. getSystemInfoSync( )相关参数

参数	类型	是否必填	说明
success	Function	是	接口调用成功的回调函数
fail	Function	否	接口调用失败的回调函数
complete	Function	否	接口调用结束的回调函数（调用成功、失败都会执行）

wx. getSystemInfo( ) 接口或 wx. getSystemInfoSync( ) 接口调用成功后，返回系统相关信息，如表 6 – 28 所示。

表 6 – 28　wx. getSystemInfo( ) 接口或 wx. getSystemInfoSync( ) 成功返回相关信息

参数	说明	参数	说明
brand	手机品牌	tatusBarHeight	状态栏的高度
model	手机型号	language	微信设置的语言
pixelRatio	设备像素比	version	微信版本号
screenWidth	屏幕宽度	system	操作系统版本
screenHeight	屏幕高度	platform	客户端平台
windowWidth	可以使用窗口宽度	fontSizeSetting	用户字体大小设置，单位为 px
windowHeight	可以使用窗口高度	SDKVersion	客户端基础库版本

示例代码如下：

```
wx.getSystemInfo({
    success:function(res){
      console.log("手机型号:"+res.model)
      console.log("设备像素比:" + res.pixelRatio)
      console.log("窗口的宽度:" + res.windowWidth)
      console.log("窗口的高度:" + res.windowHeight)
      console.log("微信的版本号:" + res.version)
      console.log("操作系统版本:" + res.system)
      console.log("客户端平台:" + res.platform)
    },
})
```

运行结果如图6-9所示。

图 6 - 9　获取系统信息

6.6.2　网络状态

1. 获取网络状态

wx. getNetworkType(Object)用于获取网络类型,其相关参数如表6-29所示。

表 6 - 29　wx. getNetworkType(Object)　相关参数

参数	类型	是否必填	说明
success	Function	是	接口调用成功, 返回网络类型 networkType
fail	Function	否	接口调用失败的回调函数
complete	Function	否	接口调用结束的回调函数 (无论调用成功还是失败,都会执行)

如果 wx. getNetworkType( ) 接口被成功调用，则返回网络类型包，有 wifi、2G、3G、4G、unknown（Android 下不常见的网络类型）、none（无网络）。

示例代码如下：

```
wx.getNetworkType({
    success:function(res){
      console.log(res.networkType)
    },
})
```

2. 监听网络状态变化

wx. onNetworkStatusChange(CallBack)接口用于监听网络状态变化，当网络状态变化时，返回当前网络状态类型及是否有网络连接。

示例代码如下：

```
wx.onNetworkStatusChange(function(res){
    console.log("网络是否连接:" + res.isConnected)
    console.log("变化后的网络类型" + res.networkType)
})
```

6.6.3 拨打电话

wx. makePhoneCall(Object)接口用于实现调用手机拨打电话，其相关参数如表 6 - 30 所示。

表 6 - 30　wx. makePhoneCall( ) 相关参数

参数	类型	是否必填	说明
phoneNumber	String	是	需要拨打的电话号码
success	Function	否	接口调用成功的回调函数
fail	Function	否	接口调用失败的回调函数
complete	Function	否	接口调用结束的回调函数（无论调用成功还是失败，都会执行）

示例代码如下：

```
wx.makePhoneCall({
  phoneNumber:'18092585093' //需要拨打的电话号码
})
```

6.6.4 扫描二维码

wx. scanCode(Object)接口用于调起客户端扫码界面,扫码成功后返回相应的内容,其相关参数如表6-31所示。

表6-31 wx. scanCode(Object) 相关参数

参数	类型	是否必填	说明
onlyFromCamera	Boolean	否	是否只能从相机扫码,而不允许从相册选择图片
scanType	Array	否	扫码类型,参数类型是数组,二维码是qrCode,一维码是barCode, DataMatrix 是 datamatrix, PDF417 是 pdf417
success	Function	否	接口调用成功的回调函数,返回内容详见返回参数说明
fail	Function	否	接口调用失败的回调函数
complete	Function	否	接口调用结束的回调函数 (无论调用成功还是失败,都会执行)

扫码成功后,返回的数据如表6-32所示。

表6-32 wx. scanCode(Object) 成功返回相关信息

参数	说明
result	所扫码的内容
scanType	所扫码的类型
charSet	所扫码的字符集
path	当所扫的码为当前小程序的合法二维码时,返回内容为二维码携带的路径

示例代码如下:

```
//允许从相机和相册扫码
wx.scanCode({
  success:(res) =>{
    console.log(res.result)
console.log(res.scanType)
console.log(res.charSet)
console.log(res.path)
  }
})

//只允许从相机扫码
```

```
wx.scanCode({
  onlyFromCamera: true,
  success:(res) => {
    console.log(res)
  }
})
```

6.7　本章小结

本章主要介绍了小程序的各类核心 API，包括网络 API、多媒体 API、文件 API、本地数据及缓存 API、位置信息 API 及设备相关 API 等。通过对本章的学习，大家应深刻地理解各类 API 是开发各类小程序的核心。

6.8　思考练习题

一、选择题

1. wx. request( ) 网络请求 API 的 mode 模式默认为（　　）。

A. GET   B. HEAD

C. POST   D. DELETE

2. wx. openDocument（Object）可以打开的文档类型有（　　）。

A. doc   B. xls

C. ppt   D. mp3

3. 每个微信小程序都可以有自己的本地缓存，可以通过 wx. setStorage( )、wx. getStorage( ) 对本地缓存保存。同一个微信用户、同一个小程序的存储上限为（　　）。

A. 5 MB   B. 10 MB

C. 15 MB   D. 20 MB

4. wx. getNetworkType（Object）接口用于获取网络类型，其可以使用的网络类型有（　　）。

A. wifi   B. 2G

C. 3G   D. 4G

E. none

5. wx. login( ) 登录成功后，返回的数据主要有（　　）。

A. name   B. opened

C. session_key   D. time

二、操作题

利用微信提供的各类 API，实现如图 6 – 10 所示的音乐播放器功能。

图 6 – 10　音乐播放器

第 7 章

案例分析——秦岭山水

学习目标

➢ 掌握小程序组件的综合应用

➢ 掌握小程序项目的结构

➢ 掌握小程序开发的要点

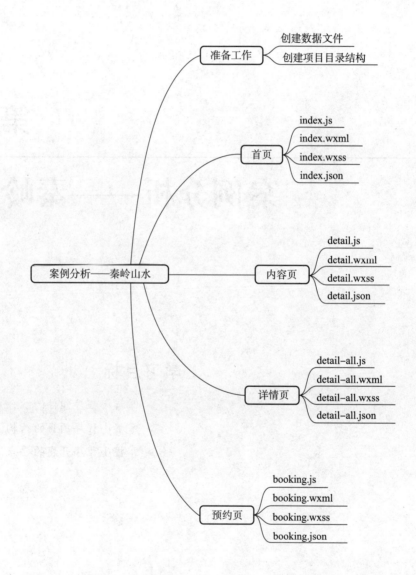

7.1 准备工作

在前面的章节中，我们学习了小程序的框架、组件、API以及开发相关的基础知识，在本章我们将利用所学知识开发一个小型项目，从而对小程序开发有更深刻的认识。我们选用资讯类小程序作为第一个案例，在这个案例中，所有的数据均来自本地，不涉及服务器端以及第三方数据，以便将更多的精力集中到小程序开发本身。该项目共有4个页面，分别为首页（图7-1）、内容页（图7-2）、详情页（图7-3）和预约页（图7-4）。

图7-1 首页

图7-2 内容页

图7-3 详情页

图7-4 预约页

7.1.1　创建数据文件

本项目的所有数据均来自本地，为了便于管理，将数据存放于 data. js 文件中，并通过 module. exports 向外部暴露一个接口。定义好模块后，在其他 js 文件中通过 require( ) 引用这个模块即可。

data. js 文件数据如下：

```
//轮播图的数据图片
function getBannerData(){
var arr = [
'/images/banner1.jpg',
'/images/banner2.jpg',
'/images/banner3.jpg',
  ]
return arr
}
//导航数据
function getIndexNavData(){
var arr = [
  {
    id:1,
    icon:'/images/ls.png',
    title:'青山'
  },
  {
    id:2,
    icon:'/images/qs.png',
    title:'绿水'
  },
  {
    id:3,
    icon:'/images/y.png',
    title:'秦岭峪'
  },
  {
```

```
        id:4,
        icon:'/images/dw.png',
        title:'动物'
      },
      {
        id:5,
        icon:'/images/zw.png',
        title:'植物'
      }
    ]
  return arr
  }
  //list 列表数据
  function getIndexNavSectionData(){
  var arr = [
      [
        {
          subject:"终南山",
          coverpath:"/images/zn1.jpg",
          price:"门票:¥45",
          postId:11,
          message:'终南山是道教主流全真派的圣地,又名太乙山、地肺山、中南山、周
南山,简称南山,是秦岭山脉的一段,西起宝鸡市眉县,东至西安市蓝田县,有"仙都""洞天之
冠""天下第一福地"的美称!'
        },
        {
          subject:"华山",
          coverpath:"/images/hs1.jpg",
          price:"门票:¥180",
          postId:12,
          message:'华山古称"西岳"。华山为中国著名的五岳之一。华山位于陕西省渭
南市华阴市,在西安市以东120千米处。南接秦岭,北瞰黄渭,扼守着大西北进出中原的门户。'
        },
        {
```

```
        subject:"太白山",
        coverpath:"/images/tb1.jpg",
        price:"门票:¥100",
        postId:13,
        message:'太白山跨太白县、眉县、周至县三县,主峰拔仙台在太白县境内东
部,海拔3 771.2米,东经107°41′23″~107°51′40″,北纬33°49′31″~34°08′11″,直线距离太
白县城43.25千米。太白山山顶气候严寒,冰冻时间很长,常年有积雪,天气晴朗时,雪峰皑
皑,因而以"太白"命名。'
    },
    {

        subject:"翠华山",
        coverpath:"/images/ch1.jpg",
        price:"门票:¥58",
        postId:14,
        message:'翠华山原名太乙山,景区由碧山湖景区、天池景区和山崩石海景区3
部分组成。传说太乙真人在此修炼过,由此得名。'
    }
],
[
    {

        subject:"渭河",
        coverpath:"/images/wh1.jpg",
        length:"818千米",
        postId:21,
        message:'渭河是黄河最大的一级支流,发源于甘肃省定西市渭源县鸟鼠山,
主要流经甘肃省天水市,陕西省的宝鸡、咸阳、西安、渭南等地,至渭南市潼关县汇入黄河。'
    },
    {

        postId:22,
        subject:"汉江",
        coverpath:"/images/hj1.jpg",
        length:"514千米",
        message:'汉江是长江最大的一级支流,又称为汉水,在源地名为漾水,流经沔县
(现勉县)称沔水,东流至汉中始称汉水,自安康至丹江口段古称沧浪水,襄阳以下别名襄江、襄水。'
    },
```

```
      {
        postId:23,
        subject:"嘉陵江",
        coverpath:"/images/jlj1.jpg",
        length:"1 119 千米",
        message:'嘉陵江发源于秦岭北麓的陕西省凤县代王山。干流流经陕西省、甘
肃省、四川省、重庆市,在重庆市朝天门汇入长江。'
      },
      {

        postId:24,
        subject:"洛河",
        coverpath:"/images/lh1.jpg",
        length:"680 千米",
        message:'洛河是陕西省境内最长的河流。它发源于白于山南麓的草梁山,由
西北向东南注入渭河,途经黄土高原区和关中平原两大地形单元。'
      }
    ],
    [
      {

        postId:31,
        subject:"汤峪",
        coverpath:"/images/ty1.jpg",

        message:'汤峪温泉可以追溯至1 350 年前,素有"桃花三月汤泉水,春风醉人
不知归"的美誉。汤峪温泉含有几十种对人体有益的矿物质,长期沐浴能促进新陈代谢,增强
生理机能,并对皮肤病和关节炎等有一定疗效。'
      },
      {

        postId:32,
        subject:"子午峪",
        coverpath:"/images/zw1.jpg",

        message:'子午峪在陕西长安县南,是关中通汉中的一条谷道,长300 余公里。
鲍彪注:"长安有子午谷,北山是子,南山是午,午道秦南道也。"西汉元始五年(公元 5 年)王莽
通子午道。'
```

```
    },
    {

        postId:33,
        subject:"沣峪",
        coverpath:"/images/fy1.jpg",

        message:'沣峪,位于陕西省西安市长安区(韦曲街道)城区南边约35公里处的秦
岭北麓,隶属滦镇街道办事处管辖。沣峪是秦岭北麓的一条山沟,因沣河从这里流出而得名。'
    }
  ],
  [
    {

        postId:41,
        subject:"朱鹮",
        coverpath:"/images/zh1.jpg",

        message:'稀世珍禽朱鹮,又称朱鹭(通名)、红鹤、朱脸鹮鹭(北名),被誉为
"东方瑰宝""东方宝石""吉祥之鸟"。'
    },
    {

        postId:42,
        subject:"大熊猫",
        coverpath:"/images/dxm1.jpg",
        message:'秦岭大熊猫头圆,像猫,且具有较小头骨、较大牙齿。在皮毛颜色方
面,秦岭大熊猫胸斑为暗棕色、腹毛为棕色,使它看上去更漂亮,更憨态可掬,陕西人把秦岭大
熊猫称为"国宝中的美人"。'
    },
    {

        postId:43,
        subject:"金丝猴",
        coverpath:"/images/jsh1.jpg",
        message:'金丝猴大多活动在2 000~3 000米的高海拔山区的针阔混交林地
带,过着群居生活,以野果、嫩枝芽、树叶为食。'
    },
    {
```

```
        postId:44,

        subject:"羚牛",

        coverpath:"/images/ln1.jpg",

        message:'羚牛,秦岭亚种,是秦岭山脉的特产动物,被称为"秦岭金毛扭角
羚",通体白色间泛金黄,长相极为威武、美丽,当地人又称其为"白羊"或"羊子"。秦岭羚牛有
两个长而粗壮的前肢、两条短而弯曲的后腿以及分叉的偶蹄,这些特点都使其能够适应高山攀
爬生活。目前,羚牛数量不足5 000头,十分珍贵。'

        }
    ],
    [
        {

        postId:51,

        subject:"连香树",

        coverpath:"/images/lxs1.jpg",

        message:'连香树为连香树科连香树属。落叶乔木,高10~40米,胸径达1米;
树皮灰色,纵裂,呈薄片剥落;小枝无毛,有长枝和矩状短枝,短枝在长枝上对生;无顶芽,侧芽卵
圆形,芽鳞。主要生长在温带。连香树为第三纪古热带植物的孑遗种单科植物,是较古老原始的
木本植物,雌雄异株,结实较少,天然更新困难,资源稀少。目前,连香树已濒临灭绝。'

        },
        {

        postId:52,

        subject:"星叶草",

        coverpath:"/images/xyc1.jpg",

        message:'星叶草,稀有种,一年生小草本,茎细弱,高3~10厘米,根直伸,支
根纤细。花期在5—6月,果期在7—9月。星叶草零星分布于陕西南部、甘肃中部、青海南
部、云南、四川、西藏等地。星叶草为单种属植物,星散分布于我国西北部至西南部。'

        },
        {

        postId:53,

        subject:"香果树 ",

        coverpath:"/images/xgs1.jpg",

        message:'香果树特产于中国,为落叶大乔木,高达30米,胸径达1米;树皮灰
褐色。起源于距今约1亿年的中生代白垩纪。最初发现于湖北西部的宜昌地区海拔670~
1 340米的森林中。英国植物学家威尔逊(EH.Wilson)在他的《华西植物志》中,把香果树誉
为"中国森林中最美丽动人的树"。'
```

```
        }
      ,
        {
          postId:54,
          subject:"太白红杉",
          coverpath:"/images/tbhs1.jpg",
          message:'太白红杉为国家三级保护渐危树种,为中国特有树种,是秦岭山区
唯一生存的落叶松属植物。太白红杉分布于太白山、户县、玉皇山等地,生长于海拔2 000~
3 500米的地区。喜光、耐旱、耐寒、耐瘠薄并抗风。因高寒地带,立地条件差,生长期短,所以
生长缓慢。花期在5—6月,球果在9月成熟。'
        }
      ]
    ]

  return arr
}

//暴露接口
module.exports = {
  getBannerData:getBannerData,
  getIndexNavData:getIndexNavData,
  getIndexNavSectionData:getIndexNavSectionData

}
```

7.1.2 创建项目目录结构

在小程序项目中,images 目录存放项目的所有图像,pages 目录中的项目页分别为 index (首页)、detail (内容页)、detail – all (详情页) 和 booking (预约页),utils 目录中包括项目中所有数据的 data. js 文件以及小程序的项目配置文件。项目目录结构如图 7 – 5 所示。

7.1.3 app. json 文件结构

app. json 文件是对整个小程序的全局配置,主要包括 pages、window 及 tabBar。代码如下:

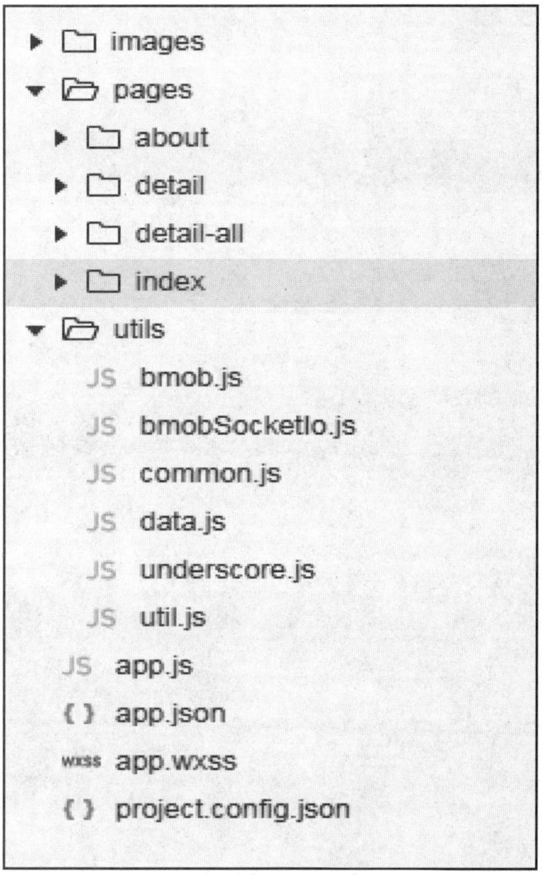

图 7-5 项目目录结构

```
{
"pages":[
"pages/index/index",
"pages/detail-all/detail-all",
"pages/detail/detail",
"pages/about/about"
  ],
"window":{
"backgroundTextStyle":"light",
"navigationBarBackgroundColor": "#fff",
"navigationBarTitleText": "秦岭山水",
"navigationBarTextStyle":"black"
  },
```

```
"tabBar": {
"color": "#333",
"selectedColor": "#d24a58",
"borderStyle": "white",
"list": [
    {
"pagePath": "pages/index/index",
"text": "首页",
"iconPath": "images/index_icon.png",
"selectedIconPath": "images/index_icon_HL.png"
    },
    {
"pagePath": "pages/detail-all/detail-all",
"text": "详情",
"iconPath": "images/skill_icon.png",
"selectedIconPath": "images/skill_icon_HL.png"
    },
    {
"pagePath": "pages/about/about",
"text": "我的",
"iconPath": "images/user_icon.png",
"selectedIconPath": "images/user_icon_HL.png"
    }
    ]
  }
}
```

7.2　首页

首页由轮播项、导航项和列表项 3 部分组成，这 3 部分被包含在 < scroll – view > 组件中。首页的页面文件为 index. js、index. wxml、index. wxss 和 index. json。

7.2.1　轮播项

轮播项的结构如下：

```
<view class = "swiper" >
<swiper interval = "{{interval}}" duration = "{{duration}}" vertical
= "{{vertical}}" indicator - dots = "indicatordots" autoplay = "{{auto-
play}}" >
<block wx:for - items = "{{banner_url}}" wx:key = "this" >
<swiper - item >
<block wx:if = "{{item}}" >
<image src = "{{item}}" > </image >
</block >
<block wx:else >
<image src = "../../images/default_pic.png" > </image >
</block >
</swiper - item >
</block >
</swiper >
</view >
```

其中，interval、duration、vertical、autoplay、banner_url 在 index.js 中进行定义，代码
如下：

```
Page({
  data: {
    banner_url: fileData.getBannerData(),
    interval:3000,
    duration:1000,
    vertical:false,
    indicatordots:true,
    autoplay:true,
    navTopItems: fileData.getIndexNavData(),
    curNavId:1,
    curIndex:0,
    colors: ["red","orange","yellow","green","purple"],
    navSectionItems: fileData.getIndexNavSectionData()
  }
```

7.2.2　导航项

导航项的结构如下：

```
<viewclass = "nav_top">
<blockwx:for = "{{navTopItems}}"wx:key = "this">
<viewclass = "nav_top_item {{curNavId == item.id ?
'active_'+colors[index]:"}}"data - id = "{{item.id}}"data - index = "
{{index}}"bindtap = "switchTap">
<imagesrc = "{{item.icon}}"> </image>
<text >{{item.title}} </text>
</view>
</block>
</view>
```

7.2.3　列表项

列表项的结构如下：

```
<viewclass = "nav_section">
<viewwx:if = "{{list[curIndex]}}">
<blockwx:for = "{{list[curIndex]}}"wx:key = "this">
<viewclass = "nav_section_item">
<! -- images -->
<viewclass = "section_images">
<blockwx:if = "{{item.coverpath}}">
<imagesrc = "{{item.coverpath}}"bindtap = "navigateDetail"data -
post - id = "{{item.postId}}"> </image>
</block>
<blockwx:else>
<imagesrc = "../../images/default_pic.png"> </image>
</block>
</view>
<! -- 说明 -->
<viewclass = "section_con">
<viewclass = "section_con_Sub">
<text >{{item.subject}} </text>
```

```
</view >
<viewclass = "section_con_price" >
<text >||item.price|| </text >
</view >
<viewclass = "text_index" >||item.message|| </view >
</view >
</view >
</block >
</view >
<viewwx:else >
<text >暂无数据 </text >
</view >
</view >
```

在 index. js 中的代码如下：

```
//index.js
//获取应用实例
var app = getApp();
//引用
var fileData = require('../../utils/data.js')
Page({
  data: {
    banner_url: fileData.getBannerData(),    //轮播项数据
    interval:3000,
    duration:1000,
    vertical:false,
    indicatordots:true,
    autoplay:true,
    navTopItems: fileData.getIndexNavData(),   //导航项数据
    curNavId:1,
    curIndex:0,
    colors: ["red","orange","yellow","green","purple"],
    navSectionItems: fileData.getIndexNavSectionData()   //列表项数据
  },
```

```
//实现页面字体颜色切换
  switchTap:function(res){
    console.log(res.currentTarget.dataset.index)
let id = res.currentTarget.dataset.id;
let index = res.currentTarget.dataset.index
this.setData({
    curNavId: id,
    curIndex: index
  })
},
//加载更多
  laodMore:function(res){
    console.log('到底了')
//得到导航的下标
var curid = this.data.curIndex;

if(this.data.navSectionItems[curid] == 0){
return
    }else{
//加载更多
//concat()方法,它将2个或2个以上的数组连接起来
    wx.showToast({
      title:'加载中...',
      icon:'loading',
      duration:2000
    })
var that = this;
    that.data.navSectionItems[curid] =
that.data.navSectionItems[curid].concat(that.data.navSection-
Items[curid]);
    that.setData({
      list:that.data.navSectionItems
    })
    }
```

```
        },
//跳转到内容页
  navigateDetail:function(res){
     console.log(res.target.dataset.postId)
var postId = res.target.dataset.postId
     wx.navigateTo({
       url:'../detail/detail? id =' + postId,        //传递参数 postId
       success:function(){
         wx.setNavigationBarTitle({
            title:'内容页',
         })
         wx.showNavigationBarLoading();
         setTimeout(function(){
           wx.hideNavigationBarLoading();
         },2000)
       }
     })
   },
//onLoad 页面加载完成执行
  onLoad:function(){
     console.log(this.data.banner_url)
     console.log(this.data.navSectionItems)
//加载一个弹框
     wx.showToast({
       title:'正在加载...',
       icon:'loading',
       duration:10000,
       mask:true
     })
     setTimeout(function(){
       wx.hideToast();
     },2000)
//将我们的数据传到我们的结构层,通过 this.setData
this.setData({
```

```
      list:this.data.navSectionItems
    })
  }
})
```

7.3　内容页

内容页由标题、图像及文字说明 3 部分组成，页面文件为 detail. js、detail. wxml、detail. wxss 和 detail. json。

detail. js 的代码如下：

```
var app = getApp();
//引用
var fileData = require('../../utils/data.js')
Page({
  data: {
    navSectionItems: fileData.getIndexNavSectionData(),
  },
  onLoad:function(options){
var postId = options.id;      //获取列表页传递的 id
var shi = Math.floor(postId /10) - 1
var ge = postId % 10 - 1
    console.log(shi)
    console.log(ge)
    console.log(options)
    console.log(this.data.navSectionItems[shi][ge])
this.setData({
    list:this.data.navSectionItems[shi][ge]
    })
  },
})
```

detail. wxml 的代码如下：

```
<viewclass = "cont" >
    //标题
<viewclass = "head" >
<text >{{list.subject}} </text >
</view >
    //图像
```

```
<viewclass = "images">
<imagesrc = "{{list.coverpath}}"/>
</view>
    //文字说明
<viewclass = "content">
<text>{{list.message}}</text>
</view>
</view>
```

7.4 详情页

详情页主要用来显示图像，其页面文件为 detail – all. js、detail – all. wxml、detail – all. wxss 和 detail – all. json。

detail – all. js 的代码如下：

```
Page({
/**
  *页面的初始数据
  */
  data: {
      pic: ["/images/fj0. jpg","/images/fj1. jpg","/images/fj2.
jpg","/images/fj3. jpg","/images/fj4. jpg","/images/fj5. jpg","/
images/fj6.jpg"]
    }
})
```

detail – all. wxml 的代码如下：

```
<blockwx:for = "{{pic}}"wx:key = "this">
<viewclass = "tc">
<imagesrc = "{{item}}"/>
</view>
</block>
```

7.5 预约页

预约页包括获取用户图像及昵称，收集用户的其他信息，其页面文件为 booking. js、booking. wxml、booking. wxss 和 booking. json。

booking. js 的代码如下：

```
var app = getApp()
Page({
/**
  *页面的初始数据
  */
 data:{
   userInfo:{},
   date:",//时间
   region:"//地区
 },
/**
  *生命周期函数——监听页面加载
  */
 onLoad:function(options){
var that = this
//调用
   app.getUserInfo(function(userInfo){
     that.setData({
       userInfo:userInfo
     })
   })
 },
 changedate:function(e){
this.setData({
     date:e.detail.value
   })
 },
 changeregion:function(e){
this.setData({
     region:e.detail.value
   })
 },
```

```
formSubmit:function(e){
console.log('form发生了submit事件,携带数据为:',e.detail.value)
}

})
```

booking. wxml 的代码如下:

```
<!--pages/booking/booking.wxml-->
<viewclass = "container" >
<!--info-->
<viewclass = "user_base_info" >
<!--image-->
<viewclass = "user_avatar" >
<blockwx:if = "{{userInfo.avatarUrl}}" >
<imagesrc = "{{userInfo.avatarUrl}}" > </image >
</block >
<blockwx:else >
<imagesrc = "../../images/y.png" > </image >
</block >
</view >
<!--left_info-->
<viewclass = "user_info" >
<text >
{{userInfo.nickName}}
</text >
</view >
</view >
<!--address-->
<viewclass = "uer_addr_message" >
<viewclass = "user_addr_item" >
<formbindsubmit = "formSubmit"bindreset = "formReset" >
<inputplaceholder ='请输入姓名'class = "addr_sub"name = "xm"/>
<inputplaceholder = '请输入要浏览的景区'class = "addr_sub"name = "
spot"/>
<pickermode ='date'class = "addr_sub"bindchange = "changedate"value
= "{{date}}"start = "2018 -1 -1"end = "2018 -12 -31"name = "datetime" >
请选择时间:<text >{{date}} </text >
```

```
    </picker>

    <pickermode='region'class="addr_sub"bindchange="changeregion"
value="{{date}}"name="address">
    请选择您的地区:<text>{{region}}</text>
    </picker>
    <buttontype="primary"class="btn"formType='submit'>提交数据
</button>
    </form>
    </view>
    </view>
    </view>
```

7.6　本章小结

　　本章通过秦岭山水案例介绍了小程序项目结构的组织、小程序中各类组件的使用、小程序中数据与业务逻辑的分离等相关知识。通过对本章的学习,大家应该对开发资讯类小程序有了一定认识,这样就为后续综合类小程序的开发奠定了基础。

第 8 章

小程序后端开发

学习目标

➤ 掌握小程序与比目后台的关联配置

➤ 掌握比目后台实现数据的增加、删除、修改、查询

➤ 通过案例掌握比目后台的使用

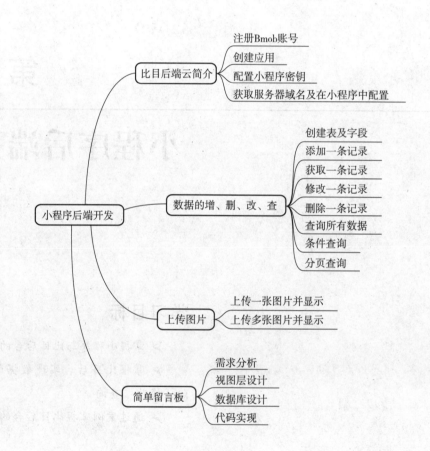

比目后端云简介
- 注册Bmob账号
- 创建应用
- 配置小程序密钥
- 获取服务器域名及在小程序中配置

小程序后端开发

数据的增、删、改、查
- 创建表及字段
- 添加一条记录
- 获取一条记录
- 修改一条记录
- 删除一条记录
- 查询所有数据
- 条件查询
- 分页查询

上传图片
- 上传一张图片并显示
- 上传多张图片并显示

简单留言板
- 需求分析
- 视图层设计
- 数据库设计
- 代码实现

8.1　比目后端云简介

一个完整的小程序系统，不但需要前端的展现，而且需要后端服务器的支撑，以提供数据服务。也就是说，开发一个真正完整的小程序应用，需要前后端的相互配合。小程序与远程服务器之间通过 HTTPS 传输协议进行数据交换，如图 8－1 所示。

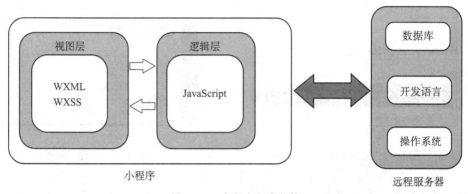

图 8－1　小程序开发架构

除了自己搭建服务端以外，还可以利用一些网络公司提供的云服务来进行小程序后端的相应开发。本章主要讲解利用比目网络科技有限公司提供的 Bmob 后端云进行小程序后端开发。

Bmob 后端云专注于为移动应用提供一整套后端云服务，能帮助开发者免去几乎所有服务器端的编码工作，大幅度降低开发成本和开发时间。

Bmob 提供了小程序软件开发工具包（Software Development Kit，SDK），让用户拥有强大的后端服务。嵌入 Bmob 小程序 SDK 后，开发工程师可以更加专注于编写前端代码和优化良好的用户体验，而不必担心后端的基础设施。

Bmob 提供了成熟的 WebSocket 信道服务，降低了开发者使用 WebSocket 通信的门槛。同时也满足了小程序需要 HTTPS 与服务端通信的需求。

Bmob 还提供了短信验证功能，只需几行简单的代码，即可实现微信小程序的用户登录、富媒体文件上传、发送短信通知和微信支付等功能。

总之，Bmob 让微信小程序的开发更简单。

8.1.1　注册 Bmob 账号

进入 Bmob 官方网站（www.bmob.cn）后，单击右上角的"注册"按钮，在跳转页面（图 8－2）填入姓名、邮箱，并设置密码，确认后到邮箱激活 Bmob 账户，即可拥有 Bmob 账号。

8.1.2　创建应用

进入后台，单击左边的"应用"图标，会出现已经创建的应用项目列表和"创建应用"

按钮。单击"创建应用"按钮，出现如图 8 – 3 所示的对话框，填写完成应用的相关信息后，即可创建一个等待开发的应用。

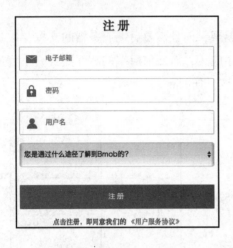

图 8 – 2　注册 Bmob 账号

图 8 – 3　创建应用项目

8.1.3　配置小程序密钥

进入后台，选择应用项目，单击"设置"→"应用配置"选项，将小程序中的 AppID（小程序 ID）和 AppSecret（小程序密钥）填写到 Bmob 中，如图 8 – 4 所示。

图 8 – 4　应用项目中配置小程序密钥

8.1.4　获取微信小程序服务器域名和"应用密钥"

进入后台，选择应用项目，单击"设置"→"应用配置"选项，在该界面中可以得到"微信小程序服务器域名配置"（在小程序配置中需要使用），如图 8 – 5 所示。

图 8 – 5　微信小程序服务器域名配置

进入后台，选择应用项目，单击"设置"→"应用密钥"选项，可以获取应用项目的 Application ID 和 Secret Key（在小程序开发中需要使用），如图 8 – 6 所示。

图 8 – 6　获取应用项目的"应用密钥"

8.1.5　小程序中配置"安全域名"

登录微信公众号平台，单击"设置"→"开发设置"选项，在服务器域名中输入从图 8 – 5 获取的合法域名，如图 8 – 7 所示。

图 8-7 微信公众平台小程序后台设置 "服务器域名"

8.1.6 下载及安装 Bmob SDK

登录 https://github.com/bmob/bmob-WeApp-sdk 下载 Bmod SDK，解压下载后的 SDK，把 bmob-min.js 和 underscore.js 文件放到相应的位置。例如，要放到小程序的 utils 目录中，则在其他需要使用的页面添加以下代码：

```
var Bmob = require('../../utils/bmob.js');
```

同时，在小程序项目中的 app.js 中加入下面两行代码进行全局初始化：

```
var Bmob = require('utils/bmob.js');
Bmob.initialize("你的 Application ID","你的 REST API Key");//图8-6
中的相应内容
```

8.2 数据的增、删、改、查

为了便于在 Bmob 中实现数据的增加、删除、修改、查询，我们在新建的应用中新增 "test" 表，并在表中添加 id（编号）、title（标题）、content（内容）、image（图像）字段，如图 8-8 所示。

8.2.1 创建表及字段

在 "test" 表中添加 id、title、content、image 列，Bmob 提供 Number、String、Boolean、Date、File、Geopoint、Array、Object、Pointer、Relation 共 10 种字段类型，如图 8-9 所示。

在"更多"选项卡里可以实现快速导入/导出数据、删除/编辑表、编辑/删除列等操作。

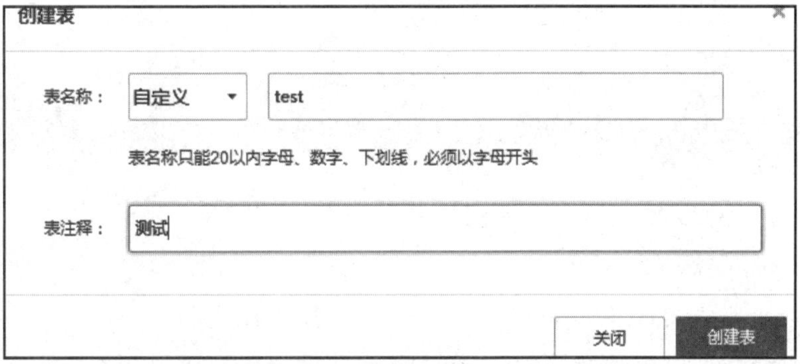

图 8 – 8　在应用项目中新添加"test"表

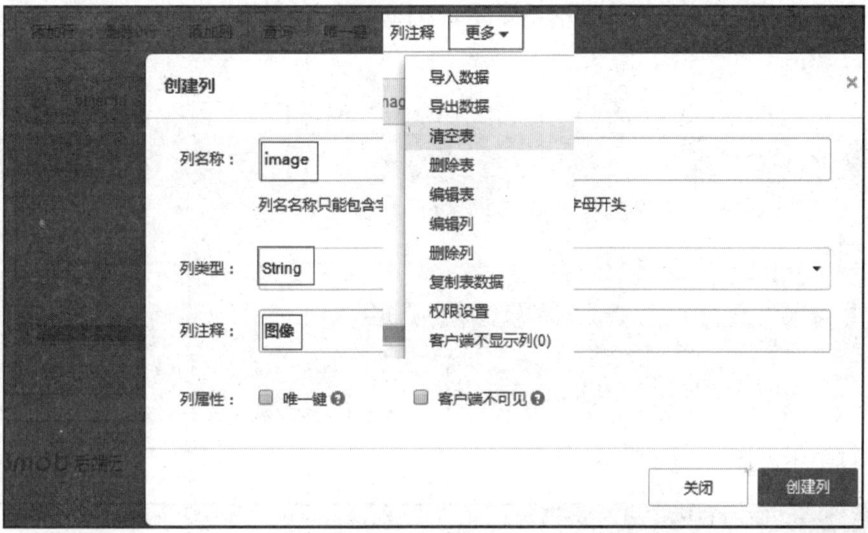

图 8 – 9　创建列

8.2.2　添加一条记录

添加一条记录用来实现把从前端获取的数据添加到服务端数据表中，主要用 Bmob 提供的 SDK 对象实现。示例代码如下：

```
//.wxml
<buttontype = "primary"bindtap ='add'>添加记录</button>
//.js
var Bmob = require('../../utils/bmob.js');
Page({
  data:{
  },
  add:function(){
```

```
var Test = Bmob.Object.extend("test"); //创建类
var test = new Test();  //创建对象
    test.set("title","WXML");  //添加title字段内容
    test.set("content","Weixin Markup Language 微信标记语言"); //添加
content 字段内容
    //添加数据,第一个入口参数是null
    test.save(null,{
        success:function(result){
    //添加成功,返回成功之后的objectId(注意:返回的属性名字是id,不是objec-
tId),你还可以在Bmob的Web管理后台看到对应的数据
        console.log("添加成功,objectId:" + result.id);
        },
        error:function(result,error){
    //添加失败
        console.log('添加失败');
        }
    });
  },
})
```

运行结果如图8-10所示。

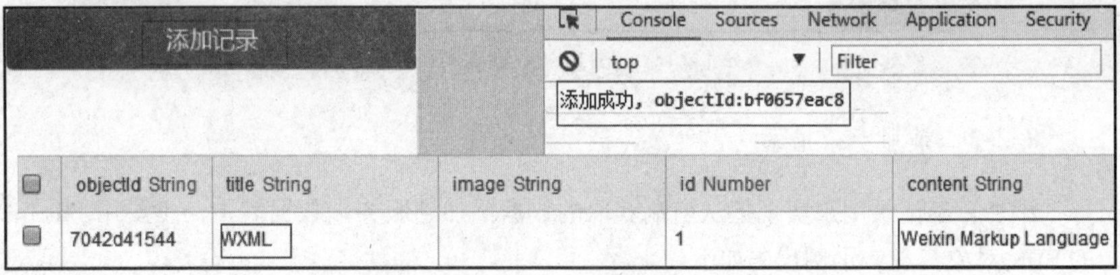

图8-10　添加记录

8.2.3　获取一条记录

获取一条记录是指从数据表中查询一条记录,主要根据 objectId 值来直接获取单条数据对象。示例代码如下:

```
//.wxml
<buttontype = "primary"bindtap = "query" >获取记录 < /button >
//.js
```

```
query:function(){
var Test = Bmob.Object.extend("test");
var query = new Bmob.Query(Test);
  query.get("bf0557eac8",{
    success:function(result){
//The object was retrieved successfully.
    console.log("该记录标题为"+result.get("title"));
    console.log("该记录的内容为"+result.get("content"));
    },
    error:function(result,error){
    console.log("查询失败");
    }
  });
},
```

运行结果如图 8-11 所示。

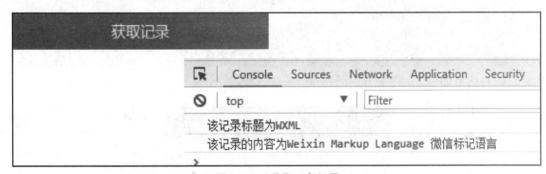

图 8-11　获取一条记录

8.2.4　修改一条记录

如果要修改一条记录，则首先需要获取更新后的 Bmob. Object 对象，将值修改后保存数据就可以了。

示例代码如下：

```
//.wxml
<buttontype = "primary"bindtap = "modi" >修改记录 < /button >
//.js
//修改一条记录
modi:function(){
var Test = Bmob.Object.extend("test");
```

```
var query = new Bmob.Query(Test);
//这个 id 是要修改条目的 id,当该 id 生成并存储成功时可以获取到
  query.get("79219a1631",{
    success:function(result){
//回调中可以取得这个 diary 对象的一个实例,然后就可以修改它了
      result.set('title',"WXSS");
      result.set('content',"WenXin Style Sheets");
      result.save();
//The object was retrieved successfully.
    console.log("修改成功")
    console.log(("该记录标题修改为" + result.get("title"));
  console.log(("该记录内容修改为" + result.get("content"));
    },
    error:function(object,error){
      console.log("修改失败")
    }
  });
},
```

运行结果如图 8-12 所示。

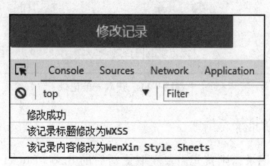

图 8-12 修改一条记录

8.2.5 删除一条记录

删除一条记录可以使用 Bmob. Object 的 destroy 方法。

示例代码如下:

```
    //.wxml
<buttontype = "primary"bindtap = "del" >删除一行记录 < /button >
  //.js
```

```
//删除 objectId 为 6c104ecb86 的记录
del:function(){
var Test = Bmob.Object.extend("test");
var query = new Bmob.Query(Test);
  query.get("6c104ecb86",{
    success:function(object){
//The object was retrieved successfully.
object.destroy({
      success:function(deleteObject){
        console.log("删除记录成功");
      },
      error:function(object,error){
        console.log("删除记录失败");
      }
    });
  },
  error:function(object,error){
    console.log("修改失败");
  }
  });
},
```

8.2.6　查询所有数据

为了获取某个数据表中的所有数据，我们可以通过 Bmob 提供的 Query 对象来实现（默认是 10 条记录），示例代码如下：

```
//.wxml
<buttontype = "primary"bindtap = "queryall" >获取所有数据记录 < /button >
//.js
//获取数据表中所有数据
queryall:function(){
var Test = Bmob.Object.extend("test");  //test 数据表
var query = new Bmob.Query(Test);
//查询所有数据
```

```
query.find({
  success:function(results){
    console.log("共查询到" + results.length + "条记录");
//循环处理查询到的数据
for(var i =0; i < results.length;i ++ ){
varobject = results[i];
    console.log(object.id +' -'+object.get('title') +' -
'+object.get('content'));
    }
  },
  error:function(error){
    console.log("查询失败:" + error.code + " " + error.message);
  }
});
},
```

运行结果如图 8 – 13 所示。

图 8 – 13　获取所有数据

8.2.7　条件查询

Bmob 中提供的查询方法主要有：等于（equalTo）、不等于（notEqualTo）、小于（lessThan）、小于等于（lessThanOrEqualTo）、大于（greaterThan）、大于等于（greaterThanOrEqualTo）等。

示例代码如下：

```
//.wxml
<buttontype = "primary"bindtap = "wherequery" >条件查询 < /button >
//.js
```

```
//条件查询
wherequery:function(){
var Test = Bmob.Object.extend("test");
var query = new Bmob.Query(Test);
    query.equalTo("title","WXML");    //查询 title 等于"WXML"的记录
//查询所有数据
  query.find({
    success:function(results){
      console.log("共查询到 " + results.length + " 条记录");
//循环处理查询到的数据
for(var i = 0; i < results.length; i ++){
varobject = results[i];
        console.log(object.id + ' - ' + object.get('title'));
      }
    },
    error:function(error){
      console.log("查询失败: " + error.code + " " + error.message);
    }
  });
},
```

运行结果如图 8 - 14 所示。

8.2.8　分页查询

如果在数据比较多的情况下，希望将查询出的符合要求的所有数据按照指定条数为一页来显示，这时可以使用 limit 方法限制查询结果的数据条数来进行分页。默认情况下，limit 的值为 10，最大有效设置值为 1 000。

图 8 - 14　条件查询

```
query.limit(10);
```

同时，skip 方法可以做到跳过查询的前多少条数据来实现分页查询的功能。skip 的默认值为 10。

```
query.skip(10);
```

8.3　上传图片

8.3.1　上传一张图片并显示

Bmob 提供了文件后端保存功能。利用这一功能，我们可以把本地文件上传到 Bmob 后台，并按上传日期为文件命名。示例代码如下：

```
//.wxml
<buttontype = "primary"bindtap = "upimage" >上传一张图片 </button >
<imagesrc = "{{url}}" > </image >
//.js
//上传一张图片
upimage:function(){
var that = this;
wx.chooseImage({
count:1, //默认值为 9
sizeType: ['compressed'], //可以指定是原图还是压缩图,默认二者都有
sourceType: ['album','camera'], //可以指定来源是相册还是相机,默认二者都有
success:function(res){
var tempFilePaths = res.tempFilePaths;
if(tempFilePaths.length >0){
var newDate = new Date();
var newDateStr = newDate.toLocaleDateString(); //获取当前日期为文件主名
var tempFilePath =[tempFilePaths[0]];
var extension = /\.([^.]*)$/.exec(tempFilePath[0]); //获取文件扩展名
if(extension){
        extension = extension[1].toLowerCase();
    }
var name = newDateStr + "." + extension; //上传的图片的别名

var file = new Bmob.File(name,tempFilePaths);
    file.save().then(function(res){
        console.log(res.url());
```

```
var url = res.url();
        that.setData({
          url: url
        })
      },function(error){
       console.log(error);
      })
    }
  })
},
```

运行结果如图 8 – 15 所示。

图 8 – 15 上传一张图片

8.3.2 上传多张图片并显示

Bmob 支持一次上传多张图片，并将图片保存到素材库中。示例代码如下：

```
//.wxml
< button type = "primary" bindtap = "uppic" > 上传多张图片 < /button >
< block wx:for = "{{list}}" wx:key = "this" >
< image src = "{{item.url}}" />
< /block >
//.js
uppic:function(){
```

```
var that = this;
    wx.chooseImage({
        count:9, //默认值为 9
        sizeType: ['compressed'], //可以指定是原图还是压缩图,默认二者都有
        sourceType: ['album','camera'], //可以指定来源是相册还是相机,默认二者
都有

        success:function(res){
          wx.showNavigationBarLoading()
          that.setData({
            loading:false
          })
var urlArr = new Array();

var tempFilePaths = res.tempFilePaths;
        console.log(tempFilePaths)
var imgLength = tempFilePaths.length;
if(imgLength >0){
var newDate = new Date();
var newDateStr = newDate.toLocaleDateString();

var j = 0;
for(var i = 0; i < imgLength; i ++){
var tempFilePath = [tempFilePaths[i]];
var extension = /\.([^.]*)$/.exec(tempFilePath[0]);
if(extension){
            extension = extension[1].toLowerCase();
          }
var name = newDateStr + "." + extension; //上传的图片的别名

var file = new Bmob.File(name,tempFilePath);
        file.save().then(function(res){
          wx.hideNavigationBarLoading()
var url = res.url();
        console.log("第" + i + "张 Url" + url);
        that.setData({
```

```
                url: url
            })
            urlArr.push({"url": url});
            that.setData({
                list: urlArr
            })
            console.log(list)
            j ++;
            console.log(j,imgLength);
//if(imgLength == j){
//  console.log(imgLength,urlArr);
//如果担心网络延时,可以去掉这几行注释,就是全部上传完成后显示
            showPic(urlArr,that)//显示图片
//}
            },function(error){
            console.log(error)
            })
        }
      }
    }
  })
}
```

运行结果如图8-16所示。

图 8-16 上传多张图片

8.4 简单留言板

本节以简单留言板为例,介绍小程序项目的开发过程及代码实现。

8.4.1　需求分析

留言板是一款能实现浏览留言、发表留言、删除留言和编辑留言的小程序，用户能够浏览当前的已留言内容，并且能按照时间的升序来查看最新的留言内容；能够发表自己的留言内容，在留言发表页填写相关项后即可发表，并能查看到新留言内容；能够删除不需要的留言；能够修改留言内容。因此，简单留言板的功能主要为显示留言、发表留言、删除留言和编辑留言。

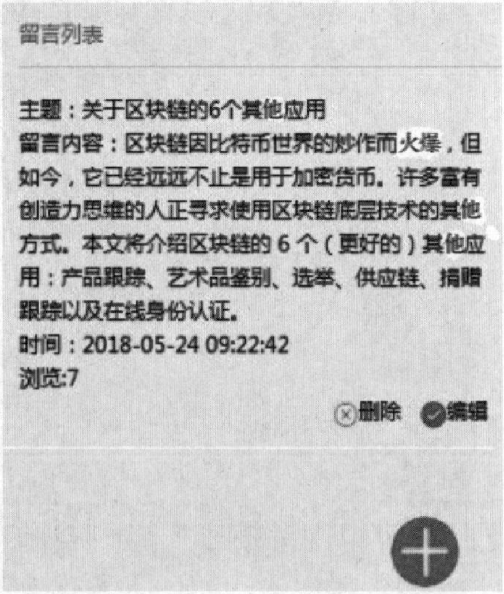

8.4.2　视图层设计

根据功能需求分析，共设计 4 个页面：首页（显示留言页）、发表留言页、编辑留言页和详情页。

首页实现了留言的显示，如图 8 – 17 所示。

单击首页中的发表留言图标➕，就可以发表留言，如图 8 – 18 所示。

图 8 – 17　留言列表

单击某一留言的主题，即可显示该留言的详情页，如图 8 – 19 所示。

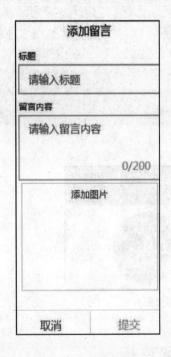

图 8 – 18　发表留言

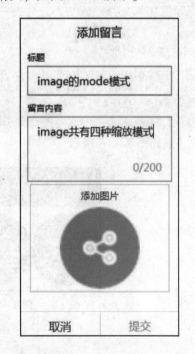

图 8 – 19　详细留言

在首页单击"删除"按钮，即可删除该留言内容，如图 8 – 20 所示。

单击"编辑"按钮，即可修改该留言内容，如图 8 – 21 所示。

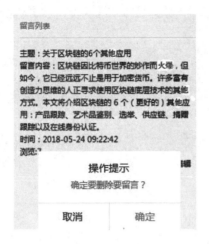

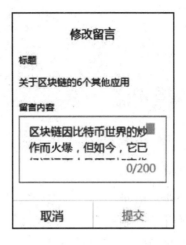

图8-20 删除留言   图8-21 修改留言

8.4.3 数据库设计

根据留言板功能,设计数据库表名为 test,其中设计的字段有 id(编号)、title(标题)、content(内容)、image(图像)、count(次数)5 个字段,通过 Bmob 后端云设计。

8.4.4 代码实现

1. 应用配置

小程序代码实现的第一步是设置整个应用的配置,修改根目录下的 app. json,示例代码如下:

```
{
"pages":[
"pages/index/index",
"pages/detail/detail"
    ],
"window":{
"backgroundTextStyle":"light",
"navigationBarBackgroundColor":"#3891f8",
"navigationBarTitleText":"小小留言板",
"navigationBarTextStyle":"#fff"
  }
}
```

app. js 代码配置如下:

```
//app.js
var Bmob = require('utils/bmob.js')
Bmob.initialize("aae0b***01","34a***642");  //你的 Application
ID","你的 REST API Key
App({
})
```

2. 首页

1) index. wxml

首页用于实现留言内容的显示。

（1）显示留言。示例代码如下：

```
< imageclass = "toWrite" bindtap = "toAddDiary" src = "/image/add.
png"/>
<viewclass = "page" >
< scroll - viewlower - threshold = "800" bindscrolltolower = "pullUp-
Load"upper - threshold = "0" scroll - y = "true" style = "height: {{win-
dowHeight}}px; " >
<viewclass = "page__bd" >
<viewclass = "weui - panel__hd" >留言列表 < /view >
< view >
<blockwx:if = "{{diaryList. length >0}}" >
< navigatorclass = "weui - media - box weui - media - box_text"wx:for
= "{{diaryList}}"wx:key = "diaryItem"url = "/pages/detail/detail? ob-
jectId = {{item. objectId}}&count = {{item. count}}" >
<viewclass = "title" >
主题:{{item.title}} < /view >
<viewclass = "content" >留言内容:{{item. content}} < /view >
<viewclass = "info" >
<viewclass = "time" >时间:{{item. updatedAt}} < /view >
<viewclass = "count" >浏览:{{item. count}} < /view >
<viewclass = "operate" >
< icontype = "cancel dels"size = "16" > < /icon >
```

```
< textclass = "del"catchtap = "deleteDiary"data - id = "{{item.objec-
tId}}" >删除 < /text >
    < icontype = "success edits"size = "16" > < /icon >
    < textcatchtap = "toModifyDiary"data - id = "{{item.objectId}}"data
- content = "{{item.content}}"data - title = "{{item.title}}" >编辑 < /
text >
    < /view >
    < /view >
    < /navigator >
    < /block >
    < /view >
    < /view >
    < /scroll - view >
    < /view >
```

（2）添加留言。示例代码如下：

```
< viewclass = "js_dialog"id = "androidDialog1"style = "opacity: 1;"
wx:if = "{{writeDiary}}" >
    < viewclass = "weui - mask" > < /view >
    < viewclass = "weui - dialog weui - skin_android" >
    < viewclass = "weui - dialog__hd" >
    < strongclass = "weui - dialog__title" >添加留言 < /strong >
    < /view >
    < formbindsubmit = "addDiary"report - submit = "true" >
    < viewclass = "weui - dialog__bd" >
    < viewclass = "weui - cells__title" >标题 < /view >
    < viewclass = "weui - cells weui - cells_after - title" >
    < viewclass = "weui - cell weui - cell_input" >
    < viewclass = "weui - cell__bd" >
    < inputclass = "weui - input"name = "title"placeholder = "请输入标
题"/>
    < /view >
    < /view >
    < /view >
    < viewclass = "weui - cells__title" >留言内容 < /view >
```

```
<viewclass = "weui - cells weui - cells_after - title" >
<viewclass = "weui - cell" >
<viewclass = "weui - cell__bd" >
<textareaclass = "weui - textarea"name = "content"placeholder = "请输
入留言内容"style = "height: 3.3em"/>
<viewclass = "weui - textarea - counter" >0 /200 < /view >
< /view >
< /view >
< /view >
<viewclass = "pic" >
<viewclass = "pictext"bindtap = "uppic" >添加图片 < /view >
<blockwx:if = "||isTypeof(url)||" >
< imagesrc = "/image/plus.png"/>
< /block >
<blockwx:else >
< imagesrc = "||url||"/>
< /block >

< /view >
< /view >
<viewclass = "weui - dialog__ft" >
<viewclass = "weui - dialog__btn weui - dialog__btn_default"bindtap
= "noneWindows" >取消 < /view >
<buttonloading = "||loading||"class = "weui - dialog__btn weui - dia-
log__btn_primary"formType = "submit" >提交 < /button >
< /view >
< /form >
< /view >
< /view >
```

（3）修改留言。示例代码如下：

```
<viewclass = "js_dialog"id = "androidDialog2"style = "opacity: 1;"
wx:if = "||modifyDiarys||" >
<viewclass = "weui - mask" > < /view >
<viewclass = "weui - dialog weui - skin_android" >
```

```
<viewclass = "weui - dialog__hd" >
<strongclass = "weui - dialog__title" >修改留言 </strong >
</view >

<formbindsubmit = "modifyDiary" >
<viewclass = "weui - dialog__bd" >
<viewclass = "weui - cells__title" >标题 </view >

<inputclass = "weui - input" name = "title" value = "{{nowTitle}}"
placeholder = "请输入标题"/>
<viewclass = "weui - cells__title" >留言内容 </view >
<viewclass = "weui - cells weui - cells_after - title" >
<viewclass = "weui - cell" >
<viewclass = "weui - cell__bd" >
<textareaclass = "weui - textarea" name = "content" value = "{{nowCon-
tent}}"placeholder = "请输入留言内容"style = "height: 3.3em"/>
<viewclass = "weui - textarea - counter" >0 /200 </view >
</view >
</view >
</view >
</view >
<viewclass = "weui - dialog__ft" >
<viewclass = "weui - dialog__btn weui - dialog__btn_default"bindtap
= "noneWindows" >取消 </view >
<buttonloading = "{{loading}}"class = "weui - dialog__btn weui - dia-
log__btn_primary"formType = "submit" >提交 </button >
</view >
</form >
</view >
</view >
```

2）index. js

（1）引入 Bmob 逻辑文件及初始化数据。示例代码如下：

```
//index.js
var Bmob = require('../../utils/bmob.js');
```

```
var common = require('.. / ./utils/common.js');
var app = getApp();
var that;
var url = "
Page({

  data: {
    writeDiary:false, //写留言
    loading:false,
    windowHeight:0, //定义窗口高度
    windowWidth:0, //定义窗口宽度
    limit:10,      //定义数据提取条数
    diaryList: [], //定义数据列表
    modifyDiarys:false
  },
........................

}
```

（2）获取并显示留言数据。示例代码如下：

```
onShow:function(){
    getList(this);
    wx.getSystemInfo({
      success:(res) => {
        that.setData({
          windowHeight: res.windowHeight,
          windowWidth: res.windowWidth
        })
      }
    })
  }
/*
*获取数据
*/
function getList(t,k){
  that = t;
```

```
var Diary = Bmob.Object.extend("test");    //数据表 test
var query = new Bmob.Query(Diary);
var query1 = new Bmob.Query(Diary);

  query.descending('createdAt');
  query.include("own")
//查询所有数据
  query.limit(that.data.limit);

var mainQuery = Bmob.Query.or(query,query1);
  mainQuery.find({
    success:function(results){
//循环处理查询到的数据
      console.log(results);
      that.setData({
        diaryList: results
      })
    },
    error:function(error){
      console.log("查询失败: " + error.code + " " + error.message);
    }
  });
}
```

（3）添加数据。示例代码如下：

```
toAddDiary:function(){
    that.setData({
      writeDiary:true
    })
  },
//添加图片
uppic:function(){
var that = this;
    wx.chooseImage({
      count:1, //默认9
```

```
        sizeType:['compressed'],//可以指定是原图还是压缩图,默认二者都有
        sourceType:['album','camera'],//可以指定来源是相册还是相机,默认二者
都有

        success:function(res){
    var tempFilePaths = res.tempFilePaths;
    if(tempFilePaths.length >0){
    var newDate = new Date();
    var newDateStr = newDate.toLocaleDateString();//获取当前日期做文件主
名
    var tempFilePath = [tempFilePaths[0]];
    var extension = /\.([^.]*)$/.exec(tempFilePath[0]);//获取文件扩
展名
    if(extension){
            extension = extension[1].toLowerCase();

            }
    var name = newDateStr + "." + extension;//上传的图片的别名

    var file = new Bmob.File(name,tempFilePaths);
            file.save().then(function(res){
                console.log(res.url());
                url = res.url();
                that.setData({
                  url:url
                })
            },function(error){
                console.log(error);
            })
            }
        }
    })
    },
    //添加留言数据
    addDiary:function(event){
    var title = event.detail.value.title;
    var content = event.detail.value.content;
```

```
var formId = event.detail.formId;
    console.log("event",event)
if(! title){
    common.showTip("标题不能为空","loading");
  }
elseif(! content){
    common.showTip("内容不能为空","loading");
  }
else {
    that.setData({
      loading:true
    })
var currentUser = Bmob.User.current();


var User = Bmob.Object.extend("_User");
var UserModel = new User();


//增加留言
var Diary = Bmob.Object.extend("test");//数据表 test
var diary = new Diary();
    diary.set("title",title);//保存 title 字段内容
    diary.set("formId",formId);//保存 formId
    diary.set("content",content);//保存 content 字段内容
    diary.set("image",url)//保存图片地址
    diary.set("count",1)//保存浏览次数
if(currentUser){
    UserModel.id = currentUser.id;
    diary.set("own",UserModel);
  }
//添加数据,第一个入口参数是 null
    diary.save(null,{
      success:function(result){
//添加成功,返回成功之后的 objectId(注意:返回的属性名字是 id,不是 objec-
tId),你还可以在 Bmob 的 Web 管理后台看到对应的数据
```

```
        common.showTip('添加日记成功');
        that.setData({
          writeDiary:false,
          loading:false
        })

var currentUser = Bmob.User.current();
        that.onShow();
      },
        error:function(result,error){
//添加失败
        common.showTip('添加留言失败,请重新发布','loading');
      }
    });
  }
},
```

（4）删除留言。示例代码如下：

```
//删除留言
  deleteDiary:function(event){
var that = this;
var objectId = event.target.dataset.id;
    wx.showModal({
      title:'操作提示',
      content:'确定要删除要留言?',
      success:function(res){
if(res.confirm){
//删除留言
var Diary = Bmob.Object.extend("test");

//创建查询对象,入口参数是对象类的实例
var query = new Bmob.Query(Diary);
        query.get(objectId,{
          success:function(object){
//The object was retrieved successfully.
```

```
object.destroy({
                success:function(deleteObject){
                  console.log('删除留言成功');
                  getList(that)
                },
                error:function(object,error){
                  console.log('删除留言失败');
                }
              });
            },
            error:function(object,error){
              console.log("query object fail");
            }
          });
        }
      }
    })
  },
```

（5）编辑留言。示例代码如下：

```
toModifyDiary:function(event){
var nowTile = event.target.dataset.title;
var nowContent = event.target.dataset.content;
var nowId = event.target.dataset.id;
    that.setData({
      modifyDiarys:true,
      nowTitle: nowTile,
      nowContent: nowContent,
      nowId: nowId
    })
  },
  modifyDiary:function(e){
var t = this;
    modify(t,e)
  }
```

```
function modify(t,e){
var that = t;
//修改日记
var modyTitle = e.detail.value.title;
var modyContent = e.detail.value.content;
var objectId = e.detail.value.content;
var thatTitle = that.data.nowTitle;
var thatContent = that.data.nowContent;
if((modyTitle ! = thatTitle ||modyContent ! = thatContent)){
if(modyTitle == "" ||modyContent == ""){
    common.showTip('标题或内容不能为空','loading');
  }
else{
      console.log(modyContent)
var Diary = Bmob.Object.extend("test");
var query = new Bmob.Query(Diary);
//这个id是要修改条目的id,你在生成这个存储并成功时可以获取到,请看前面的
文档
      query.get(that.data.nowId,{
        success:function(result){

//回调中可以取得这个GameScore对象的一个实例,然后就可以修改它了
        result.set('title',modyTitle);
        result.set('content',modyContent);
        result.save();
        common.showTip('留言修改成功','success',function(){
          that.onShow();
          that.setData({
            modifyDiarys:false
          })
        });
      },
      error:function(object,error){
      }
```

```
        });
    }
}
elseif(modyTitle == "" ||modyContent == ""){
    common.showTip('标题或内容不能为空','loading');
  }
else{
    that.setData({
      modifyDiarys:false
    })
    common.showTip('修改成功','loading');
  }
}
```

3. 详情页

详情页用来详细显示某一留言信息，其视图层/pages/detail/detail. wxml 代码如下：

```
<! -- pages/index/detail/index.wxml -->
<viewclass = "page" >
<view >
<view >
<view >留言主题: < /view >
<view >{{rows.title}} < /view >
<view >


<view >留言内容: < /view >
<view >{{rows.content}} < /view >
<viewclass = "pic" >
<imagesrc = "{{rows.image}}" />
< /view >
<view >
浏览次数:{{rows.count}}
< /view >
<view >创建时间:{{rows.createdAt}} < /view >

< /view >
```

```
</view>
</view>
<viewclass = "footer">
<text>  Copyright ©2017 -2019 www.smartbull.cn</text>
</view>
</view>
```

逻辑代码/pages/detail/detail. js 代码如下：

```
var Bmob = require('../../utils/bmob.js');
Page({
  data: {
    rows: {}   //留言详情
  },
  onLoad:function(e){
//页面初始化 options 为页面跳转所带来的参数
    console.log(e.objectId)
var objectId = e.objectId;
var newcount = e.count;
var that = this;

var Diary = Bmob.Object.extend("test");
var query = new Bmob.Query(Diary);

    query.get(objectId,{
      success:function(result){
        console.log(result);

      that.setData({
        rows: result,
      })

      newcount = parseInt(newcount) +1 //浏览次数加1
      result.set("count",newcount) //保存浏览次数
      result.save()
```

```
    },
    error:function(result,error){
      console.log("查询失败");
    }
  });
  }
})
```

8.5　本章小结

本章首先介绍了一个完整的小程序项目需要前后端两大部分，接下来介绍了 Bmob 后端的注册，后台配置，在 Bmob 中如何实现数据的增加、删除、修改、查询及图片文件的上传，最后以简单留言板为例讲解了一个完整的小程序系统开发，为以后开发小程序系统打下良好的基础。

8.6　思考练习题

一、选择题

1. 小程序后端开发支持的开发语言有（　　　）。

A. Java　　　　　　　　B. C#　　　　　　　　C. php　　　　　　　　D. Node. js

2. Bmob 后端云系统中，保存图像文件的字段类型建议选择（　　　）。

A. String　　　　　　B. File　　　　　　C. Array　　　　　　D. Object

E. Relation

3. Bmob 后端云实现数据查询的方法有（　　　）。

A. find　　　　　　B. first　　　　　　C. get　　　　　　D. save

4. 在 Bmob 后端云中创建一个 Test 类的方法为（　　　）。

A. var Test = Bmob. Object("test")

B. var Test = Bmob. Object. extend("test")

C. var Test = Bmob. Test

D. var Test = new Test( )

5. 分页查询中，如果每次查询 20 条数据，如何设置？（　　　）

A. limit(20)　　　　B. skip(20)　　　　C. limit(0 ,20)　　　　D. skip(0 ,20)

二、操作题

登录腾讯云（https:// cloud. tencent. com），进入腾讯云开发实验室，创建基于 CentOS 搭建微信小程序服务。（大约需要 3 小时）

第 9 章

小程序运营

学习目标

> 掌握小程序的线上运营推广方式

> 掌握小程序的线下运营推广方式

> 掌握小程序的第三方运营推广方式

> 通过案例掌握小程序的运营推广综合技能

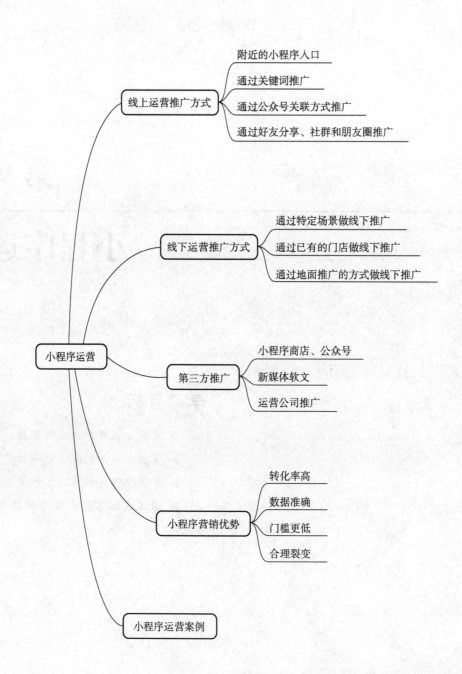

附近的小程序入口

通过关键词推广

线上运营推广方式 — 通过公众号关联方式推广

通过好友分享、社群和朋友圈推广

通过特定场景做线下推广

线下运营推广方式 — 通过已有的门店做线下推广

通过地面推广的方式做线下推广

小程序运营

小程序商店、公众号

第三方推广 — 新媒体软文

运营公司推广

转化率高

数据准确

小程序营销优势 — 门槛更低

合理裂变

小程序运营案例

9.1　线上运营推广方式

随着小程序后续不断推出新功能，企业使用小程序有机会获得更多的用户和市场，进而帮助更多的企业和服务提供者建立自己的品牌。

传统的 App 应用开发完成之后，主要通过与百度应用、360 手机助手、AppStore 等应用市场进行合作，引导用户下载安装，推广成本高。小程序则更多借助微信朋友圈、线下经营门店、优惠促销活动等方式吸引用户扫描二维码来添加，综合推广成本低。

目前，小程序线上推广方式主要有以下几种：

1. 附近的小程序入口

附近的小程序基于 LBS 的门店位置的推广，会带来访问量，为门店带来有效客户。

附近的小程序新增分类包括餐饮美食、服饰箱包、生鲜果蔬等类别。因此，要想在附近的小程序中出现并靠前，小程序申请时的名称及类别选择是非常重要的。小程序的名称相当于网站的"域名"，最好见名知意、短小精炼，且和小程序功能一致，能体现企业品牌。

2. 通过关键词推广

开发者可以在小程序后台的"推广"模块中，配置与小程序业务相关的关键词。关键词在配置生效后，会和小程序的服务质量、用户使用情况、关键词相关性等因素共同影响用户的搜索结果。开发者可以在小程序后台的"推广"模块中查看通过自定义关键词带来的访问次数。

业内人士搜索过非常多的关键词进行研究，得出的结论是，目前排名规则还是比较简单，各因素占比大概为：

（1）小程序的上线时间（占 5%）。

（2）小程序描述中完全匹配出现关键词次数越多，排名越靠前（占 10%）。

（3）小程序标题中关键词出现 1 次，且整体标题的字数越短，排名越靠前（占 35%）。

（4）小程序的使用用户越多，排名越靠前（占 50%）。

3. 通过公众号关联方式推广

微信团队规定，一个公众号可以关联同主体的 10 个小程序及不同主体的 3 个小程序。同一个小程序可以关联最多 500 个公众号。通过微信公众平台→小程序→小程序管理可以实现公众号关联小程序功能。通过公众号关联小程序，可以实现更多的功能。

1）相互转化

不管是通过公众号流量导入小程序，还是通过小程序往公众号引流，公众号与小程序都是相互连通的。

2）更多营销

在公众号内无法实现的营销手段，现在可以借助小程序来有效实施，而对于想转战电商的传统商家而言，小程序则为其提供了更多的发展可能，进一步深化了企业的营销布局，通过个性化的营销模式，进一步增强用户的忠诚度。

3）更多的流量

微信目前有10亿用户，小程序与公众号的完美衔接能最大限度导入流量。此外，小程序还提供了很多免费的流量入口，等等。

4. 通过好友分享、社群和朋友圈推广

小程序的应用场景很普遍，也很多元化，建立在微信的基础上使用户能更便捷地交流。熟人推荐是小程序电商的重要客户来源。

熟人推荐还会降低用户对店家的不信任度，从而加大成交的概率。

9.2　线下运营推广方式

随着小程序的不断发展，越来越多的线下实体店使用小程序，他们除了在线上推广以外，更多地采用线下方式推广小程序，主要有以下几种方式：

1. 通过特定场景做线下推广

在用餐高峰去肯德基点餐，总是免不了排队，用户体验非常不好。肯德基也尝试过推出App来改善用户的点餐体验，但下载App的时间长、要求高，难以满足顾客的即时需求，用户接受度很差。

接入小程序后，肯德基真正解决了用户点餐时间长的问题。用户扫描二维码（图9－1）即可点餐，再也不用排长队，从根本上改善了客户的点餐体验，提升了店内的运营效率。肯德基的小程序涵盖了点餐、会员、卡卷、在线支付、外卖等功能，充分满足了用户的核心需求。

2. 通过已有的门店做线下推广

基于拥有实体门店的优势，肯德基小程序的推广非常简单——在点餐处立一个广告宣传牌，同时开展使用小程序独享的优惠活动。"不用排队＋优惠活动"，这样的策略很快就吸

图9－1　肯德基公众号
二维码

引了大批用户使用小程序来点餐。在体验到方便后，用户对小程序的使用习惯也被培养起来了。

无论是大品牌还是小门店，都可以利用微信小程序来提升店铺的点餐效率。

3. 通过地面推广的方式做线下推广

地面推广的活动有许多种，如聚会、学习、旅游等。地面推广活动是真正的商业推广行为。如果地面推广活动策划得好，效果直接，将有助于小程序快速积累资源。

9.3　第三方推广

企业或个人除了自身采用线上和线下方式来推广以外，还可以借助第三方力量来实现小程序的推广。

1. 小程序商店、公众号

通过付费或其他方式将小程序投放至第三方小程序商店进行宣传，第三方会根据具体规则放置该小程序至首页或前列。

2. 新媒体软文

通过推文的方式从微信及其以外的媒体平台将流量导入，要注意文案的客观性和软文的优质度。找到媒体粉丝与小程序的目标用户具有很高共性的媒体是推广的关键。目前，很多粉丝在 10 万以上的自媒体都有明确的投稿标价。

3. 运营公司推广

第三方推广最常见的方式是将小程序委托于运营公司，转而在运营公司下的万千微信社群中转发流通促成大量激活。此方法的优点在于见效快，但缺点在于投放的用户群不一定都是小程序的目标用户。

9.4　小程序营销优势

随着小程序的上线，企业借助小程序营销可以带来以下四大优势：

1. 转化率高

企业在产品营销中，以前借助 App 或公众号进行，它们需要多次跳转，步骤烦琐，导致营销转化率低；现在借助微信小程序能够实现营销闭环，从而实现更快营销转化。

2. 数据准确

小程序有助于企业内部数据与外部推广数据的高效连接，通过对用户数据的分析，企业可以实现精准营销。小程序开放了比较初步的用户画像能力，可以从性别、年龄、区域、设备几个维度的数据来分析小程序用户的状况，为下一步的运营行为做铺垫。

3. 门槛更低

程序开发与维护相较 App，开发成本低、时间短，上线速度快，有助于企业实现小步快速向上跑，不断试错，不断优化产品。

4. 合理裂变

常见的社交营销最关键的就是裂变。只有产生了良性的裂变，企业的营销效果才能圆满完成。微信小程序既可以通过分享行为带来粉丝裂变，也可以基于公众号的内容来不断激活

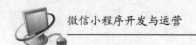

公众号粉丝。

企业一边不断从各个渠道添加新的粉丝，一边通过合理的引导让其中一定比例的人群来进行分享，从而扩大粉丝群体。

一款小程序对企业来说，不仅仅是展示、引流，也可以通过合理的设置（包括结构、内容）等刺激裂变，最大化运营成功和客户口碑裂变。

因此，在企业布局小程序时，流量入口是最前端的源，有了这个源，后面的精准营销、转化、裂变才有机会一气呵成，为企业带来持续可见的收益。

9.5　小程序运营案例

京东购物小程序是京东公司继"京东商城"之后新开发的一个购物平台。它能在很短时间内流行的主要原因有：

（1）满足用户"一键购物，购完即走"的需求。

（2）迎合用户"购物＋社交"的习惯。

京东购物小程序具有以下功能：

1. 快速购物

在小程序时代，用户通过微信平台就可以打开京东购物小程序，通过简单几步即可实现购物，如图9-2所示。

2. 社交功能

京东购物小程序中的"购物圈"能实现轻量级社交功能，点击图9-2（a）中的"购物圈"按钮后，用户可以翻看明星或购物达人的购物圈，如图9-3所示。

点击"发表"按钮后，出现如图9-4所示的页面，用户可以进行晒单，便于更多用户关注并购买。

3. 快速导航

京东购物小程序在商品详情页增加了"快速导航"小标签，用户点击该标签后可以一键直达"首页""搜索""个人中心""商品收藏""足迹""用户反馈"等模块，缩短了跳转时间，如图9-5所示。

4. 历史信息

通过"快速导航"栏中的"足迹"，用户可以查看访问过的相关商品及店铺，便于记录用户的历史信息，如图9-6所示。

（a）

（b）

（c）

（d）

图 9 - 2　京东购物小程序

（a）首页；（b）搜索；（c）详情；（d）下单

（e）

图 9 – 2　京东购物小程序（续）

（e）支付

图 9 – 3　购物圈

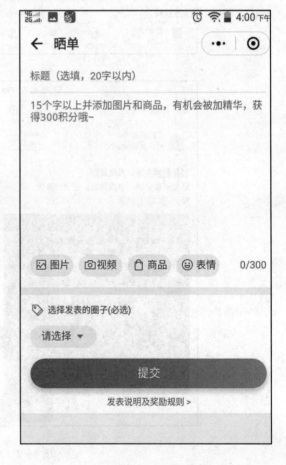

图 9 – 4　晒单

图 9 – 5　快速导航

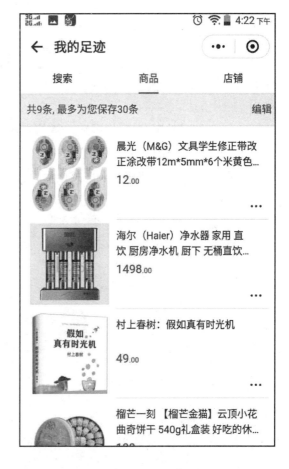

图 9 – 6　足迹

　　总之，京东购物小程序体现了"科技引领生活"的企业使命，顺应了用户"聊天""看朋友圈"的习惯，用社交内容承载了商品推荐的功能，更好地为企业及用户服务。

9.6　本章小结

　　本章首先介绍了小程序的线上、线下推广方式，然后讲解了小程序给企业带来的优势及销售技巧，最后通过案例分析了如何借助小程序实现企业营销。

参 考 文 献

[1]厉业崧,王向辉,杨国燕. 微信小程序入门[M]. 北京:清华大学出版社,2017.

[2]雷磊. 微信小程序开发入门与实践[M]. 北京:清华大学出版社,2017.

[3]李文奎,张朝伟. 响应式网页设计[M]. 北京:北京理工大学出版社,2016.

[4]李骏,边思. 微信小程序开发入门及案例详解[M]. 北京:机械工业出版社,2017.